新工人三级安全教育丛书

石油化工企业新工人三级安全教育读本（第二版）

主　　编　易　俊

中国劳动社会保障出版社

图书在版编目(CIP)数据

石油化工企业新工人三级安全教育读本/易俊主编—2 版. —北京：中国劳动社会保障出版社，2015

（新工人三级安全教育丛书）

ISBN 978 - 7 - 5167 - 1857 - 5

Ⅰ. ①石… Ⅱ. ①易… Ⅲ. ①石油化工企业-安全生产-安全教育 Ⅳ. ①TE687

中国版本图书馆 CIP 数据核字(2015)第 108978 号

中国劳动社会保障出版社出版发行

（北京市惠新东街 1 号 邮政编码：100029）

*

北京金明盛印刷有限公司印刷装订 新华书店经销

880 毫米 × 1230 毫米 32 开本 5.75 印张 145 千字

2015 年 6 月第 2 版 2015 年 6 月第 1 次印刷

定价：20.00 元

读者服务部电话：（010） 64929211/64921644/84643933

发行部电话：（010） 64961894

出版社网址：http://www.class.com.cn

内 容 简 介

本书内容主要包括安全生产管理、石油化工企业安全生产知识、职业卫生与劳动保护、应急救援与急救等相关知识内容，以及典型的事故案例及分析。石油化工企业新工人三级安全教育读本言简意赅、通俗易懂，适用于石油化工企业新工人上岗前的三级安全教育，也可作为相关行业从事安全管理人员的学习参考用书。

本书由易俊主编，纵孟、范小花、鲁宁、于彪参与编写。

前　言

《中华人民共和国安全生产法》（中华人民共和国主席令第十三号）规定："生产经营单位应当对从业人员进行安全生产教育和培训，保证从业人员具备必要的安全生产知识，熟悉有关的安全生产规章制度和安全操作规程，掌握本岗位的安全操作技能，了解事故应急处理措施，知悉自身在安全生产方面的权利和义务。未经安全生产教育和培训合格的从业人员，不得上岗作业"。

《生产经营单位安全培训规定》（国家安全生产监督管理总局令第3号）规定：

"煤矿、非煤矿山、危险化学品、烟花爆竹等生产经营单位必须对新上岗的临时工、合同工、劳务工、轮换工、协议工等进行强制性安全培训，保证其具备本岗位安全操作、自救互救以及应急处置所需的知识和技能后，方能安排上岗作业。"

"加工、制造业等生产单位的其他从业人员，在上岗前必须经过厂（矿）、车间（工段、区、队）、班组三级安全培训教育。"

企业对新入厂的工人进行三级安全教育，既是依照法律履行企业的权利与义务，同时也是企业实现可持续发展的重要措施。

不同行业的企业生产特点各不相同，存在的危险因素也大相径庭，要求工人掌握的安全生产技能和要求也有根本的区别，很难通过一本书来面面俱到地涉及不同行业需要的不同内容。"新工人三级安全教育丛书"按行业分类，更加深入、细致、全面地讲述相应行业的生产特点和技术要求，以及本行业作业人员可能遇到的典型的危险因素，可有助于工人快速地掌握本行业的安全生产知识，更贴近企业三级安全教育的要求，利于不同行业的企业进行新工人培训时使用，使新工人在学习了相关内容之后能够顺利地走上工作岗位，并对其今后正确处理工作中遇到的安全生产问题具有指导意义。

“新工人三级安全教育丛书”在2008年推出第一版后，受到了广大企业用户的欢迎和好评，纷纷将与企业生产方向相近的图书品种作为新工人三级安全教育的教材和学习用书，取得了很好的效果。2009年以来，我国安全生产相关的法律法规进行了一系列修改，尤其是2014年12月1日开始实施的新修改《安全生产法》，对用人单位对从业人员的安全生产培训教育提出了更高的要求。为了能够给各行业企业提供一套适应时代发展要求的图书，我社对原图书品种进行了改版，并增加了建筑施工企业、道路交通运输企业两个行业的品种。新出版的丛书是在认真总结和研究企业新工人三级安全教育工作的基础上开发的，并在书后附了用于新工人三级安全教育的试题以及参考答案，将更加具有针对性，是企业用于新工人三级安全教育的理想图书。

目　录

第一章　安全生产管理

第一节　安 全 教 育

一、安全教育的重要意义

安全教育又称安全生产教育，是一项为提高员工安全技术水平和防范事故能力而进行的教育培训工作。大量的工伤事故分析统计表明，刚入厂工作不久的新员工最容易发生工伤事故。因此，新入厂的工人在进入工作岗位之前，必须由厂、车间、班组三级对其进行劳动保护和安全知识的初步教育，使其掌握有关安全生产的法律法规、企业规章制度、安全操作技能，以减少由于缺乏安全技术知识而造成的各种人身伤害事故。三级安全教育制度是企业安全教育制度的重要组成部分，必须充分认识其重要意义。

1. 我国安全生产法律法规的要求

自 2014 年 12 月 1 日实施的《中华人民共和国安全生产法》（以下简称《安全生产法》）第二十五条规定：“生产经营单位应当对从业人员进行安全生产教育和培训，保证从业人员具备必要的安全生产知识，熟悉有关的安全生产规章制度和安全操作规程，掌握本岗位的安全操作技能，了解事故应急处理措施，知悉自身在安全生产方面的权利和义务。未经安全生产教育和培训合格的从业人员，不得上岗作业。”

2013 年 8 月 19 日国家安全生产监督管理总局局长办公会议审议通过关于修改《生产经营单位安全培训规定》等 11 件规章的决定中，《生产经营单位安全培训规定》对各类人员的安全培训内容、培训时间、考核等作出了具体的规定。《生产经营单位安全培训规定》第十三条规定：“生产经营单位新上岗的从业人员，岗前培训时间不得少于 24 学时。煤矿、非煤矿山、危险化学品、烟花爆竹等生产经营单位新上岗的从业人员安全培训时间不得少于 72 学时，每年接受再培训的时间不得少于 20 学时。”第十四条规定：“厂（矿）级岗前安全培训内容应当包括：本单位安全生产情况及安全生产基本知识、本单位安全生产规章制度和劳动纪律、从业人员安全生产权利和义务、有关事故案例等。煤矿、非煤矿山、危险化学品、烟花爆竹等生产经营单位厂（矿）级安全培训除包括上述内容外，应当增加事故应急救援、事故应急预案演练及防范措施等内容。”另外，如果从事特种作业，如金属焊接、压力容器操作、电工作业、厂内机动车驾驶、起重、射线作业、制冷作业等，还必须经过专门的培训，取得政府有关部门颁发的特种作业操作资格证书后才能进行相关的操作。

2. 员工做好本职工作的前提

石油化工生产过程中存在着高温、高压、易燃、易爆、易腐蚀及有毒和有害物质多等诸多不安全因素，新入厂员工不仅要面对新的工作、新的环境，而且要面对新的工作环境中潜在的危险。许多事故教训告诉人们，违章违纪是引发事故的关键。每一个员工，不论是新入厂的员工还是已经参加工作的员工，必须经过学习培训，熟悉有关的政策法规和规章制度规定的权利、职责和义务，具备安全技术素质，提高分析、判断、防范和处理事故的能力，这样才能保证安全生产，才能做到“三不伤害”，即不伤害他人、不伤害自己、不被他人伤害。

3. 员工防止和避免事故的基础

安全是一个涉及社会稳定、个人安危、家庭幸福的极为严肃的问题，搞好安全生产，从大处讲，是体现以人为本，全面、协调、可持续的科学发展观及构建和谐社会最基本的保证，是确保企业的生产长期稳定运行、创造良好经济效益的前提；从小处讲，就是保障每个家庭和每个成员的健康、幸福生活。对于个人来说，生命只有一次，必须保持敬畏态度，而健康是生命最基本的条件，人们要对其高度重视，所以，就要求员工必须把安全贯穿于日常生产和生活之中。无论是在工作岗位上还是在日常生活中，安全生产就是效益，就是稳定，就是健康，就是幸福，就是形象，就是发展。一旦发生事故，不仅危及每个人的生命安全，损害健康，给家庭带来不幸，而且还会给国家财产造成巨大的损失。所以，每个人都要从思想意识上高度重视，牢固树立“安全第一、预防为主、综合治理”的思想，由“要我安全”转向“我要安全”。

二、安全教育的内容

安全教育的内容可概括为三个方面，即安全态度教育、安全知识教育和安全技能教育。

1. 安全态度教育

安全态度教育包括三个方面，即安全意识教育、安全生产方针政策教育和法纪教育。

安全意识教育主要是针对生产活动中反映出来的不利于安全生产的各种思想、观点、想法等进行经常性的说服疏导工作，使职工增强对安全问题的认识并使其逐渐深化，形成科学的安全观。同时，也应使广大职工真正认识到自己在劳动安全卫生方面的权益，增强自我防范意识。

安全生产方针政策教育是指企业对各级领导和广大职工进行的有关安全生产方针、政策的宣传教育。安全生产政策、法规是安全生产本质的反映，是对过去经验、教训的总结，是指导生产的根本。通过安全生产法规、政策教育，可以增强广大员工安全生产的法制观念，提高他们的政策水平。特别是要认真开展“安全第一、预防为主、综合治理”这一安全生产方针的教育，使广大员工充分认识、深刻理解其含义，在实际工作中处理好安全与生产的关系。

法纪教育的内容包括安全法规、安全规章制度、劳动纪律等方面的教育。为维持正常的生产秩序而制定的劳动纪律是搞好安全生产的强制执行手段之一，劳动纪律松懈是造成事故的重要因素之一。因此，通过法纪教育，使人们认识到遵纪守法的重要性，提高遵纪守法的自觉性。同时，通过法纪教育还要使人们懂得法律带有强制的性质。如果违法违纪，造成了严重的事故后果，就要追究责任，并使其受到法律的制裁。

2. 安全知识教育

安全知识教育包括安全管理知识教育和安全技术知识教育。对潜在的只凭人的感觉无法直接感知其危险性的危险因素的操作，安全知识教育尤其重要。

安全管理知识教育包括安全管理组织结构、管理体制、基本安全管理方法及安全心理学、安全人机工程学、系统安全工程等方面的知识。通过对这些知识的学习，可使各级领导和职工真正从理论到实践上认清事故是可以预防的；避免事故发生的管理措施和技术措施要符合人的生理和心理特点；安全管理是科学的管理，是科学性与艺术性的高度结合的管理概念。

安全技术知识教育的内容主要包括一般生产技术知识、一般安全技术知识和专业安全技术知识三个方面。

（1）一般生产技术知识。主要包括企业的基本生产概况、生产技术过程、作业方式或工艺流程，与生产过程和作业方法相适应的各种机器设备的性能和有关知识，工人在生产中积累的生产操作技能和经验及产品的构造、性能、质量和规格等。

（2）一般安全技术知识。是指企业所有职工都必须具备的安全技术知识，主要包括企业内危险设备所在的区域及其安全防护的基本知识和注意事项，有关电气设备（动力及照明）的基本安全知识，起重机械和厂内运输的有关安全知识，生产中使用的有毒有害原材料或可能散发有毒有害物质的安全防护基本知识，企业中的一般消防制度和规划，个人防护用品的正确使用及伤亡事故报告方法等。

（3）专业安全技术知识。是指从事某一作业的职工必须具备的安全技术知识。专业安全技术知识比较专门和深入，其中包括该专业的安全技术知识、工业卫生技术知识以及根据这些技术知识和经验制定的各种安全操作技术规程等。石油化工专业方面的内容涉及锅炉、压力容器、起重机械、电气、焊接、防爆、防尘、防毒和噪声控制等。

3. 安全技能教育

安全技能教育包括正常作业的安全技能培训和异常情况处理的技能培训。

安全技能教育应按照标准化作业要求来进行。应预先制定作业标准或异常情况时的处理标准，有计划、有步骤地进行培训；要循序渐进，对于一些掌握起来较困难、较复杂的技能，可以把它分成若干简单的部分，分阶段地加以掌握。安全技能的形成是有阶段性的，不同阶段显示出不同的特征。一般来说，安全技能的形成分三个阶段，即掌握局部动作的阶段、初步掌握完整动作的阶段、动作的协调和完善阶段。在技能形成过程中，各个阶段的变化主要表现在行为的结构改变、行为的速度和品质的提高以及行为的调节能力的增强三个方面。

进行安全技能教育时，应把握好培训的进度和质量，开始训练时可慢些，但对操作的准确性要严格要求，打下一个良好的基础，随着训练的深入可逐步提高效率；安排好训练时间，在开始阶段，每次练习的时间不宜过长，各次练习的时间间隔也可以短些，随着技能的掌握，适当地延长各次练习之间的间隔，每次练习时间也可以长一些；训练方式要多样化，以提高职工练习的兴趣和积极性。

三、安全教育的形式和方法

安全教育的主要形式有“三级安全教育”“特殊工种教育”“经常性的安全宣传教育”等。

1. 三级安全教育

在工业企业所有伤亡事故中，由于新工人缺乏安全知识而产生的安全事故发生率一般为50%左右，所以，对新工人、来厂实习人员和调动工作的工人，要实行厂、车间、班组三级安全教育。

（1）厂级安全生产教育培训。主要内容有安全生产基本知识、本单位安全生产规章制度、劳动纪律、作业场所和工作岗位存在的危险因素、防范措施及事故应急措施、有关事故案例等。

（2）车间（工段、区、队）级安全生产教育培训。主要内容有本车间（工段、区、队）安全生产状况和规章制度、作业场所和工作岗位的危险因素、防范措施及事故应急措施、事故案例等。

（3）班组级安全生产教育培训。主要内容有岗位操作规程，生产设备、安全装置、劳动防护用品（用具）的性能及正确使用方法，事故案例等。

2. 特殊工种教育

特殊工种是指对操作者本人和周围设施的安全有重大危害因素的工种。由于特殊作业人员不同于其他一般工种，特殊作业人员在生产活动中担负着特殊的任务，危险性较大，容易发生重大事故。一旦发生事故，对整个企业的生产就会产生较大的影响，因此必须进行专门的训练。特殊工种大致包括电工作业、锅炉作业、压力容器操作、登高架设作业、爆破作业、煤矿井下瓦斯检验等。对从事特种作业的人员，必须进行脱产或者半脱产的专门培训。培训内容主要包括本工种的专业技术知识和安全操作技能训练两个部分。培训后，经严格考核合格的，由相关劳动部门颁发特种作业操作资格证书，方准独立上岗操作。

3. 经常性的安全宣传教育

结合本企业、本班组具体情况，采取各种形式，如安全活动日、班前班后会、安全交底会、事故现场会、班组园地或墙报等方式进行宣传。

第二节　安全生产法律法规

“安全生产、人人有责”，这是搞好安全生产工作的一项重要原则。员工对本岗位的安全生产负直接责任，每个员工都要明确自己在岗位中所应承担的职责和义务，并在工作中认真履行，安全工作才能真正落到实处。2014 年 12 月 1 日实施的《安全生产法》等法律法规规定了对各级人员的要求。在此重点介绍与员工相关的权利、义务和法律责任等内容，希望每一个人都能知法、懂法、守法，保护自己的合法权利。

一、《安全生产法》

为了加强安全生产工作，防止和减少生产安全事故，保障人民群众生命安全和财产安全，促进经济社会持续健康发展，适应地方安全生产需要。中华人民共和国第十二届全国人民代表大会常务委员会第十次会议决议通过《全国人民代表大会常务委员会关于修改〈中华人民共和国安全生产法〉的决定》，自 2014 年 12 月 1 日起施行。

《安全生产法》共有七章一百一十四条，主要规定了生产经营单位的安全生产保障制度、从业人员的安全生产权利义务、安全生产的监督管理制度、生产安全事故的应急救援与调查处理制度，以及各种违反安全生产法律规范行为的相应法律责任。《安全生产法》把以人为本、安全发展作为基本理念，推动了安全生产法治进入新的时代。从加强预防、强化安全生产主体责任、加强隐患排查、完善监管、加大违法惩处力度等方面做了修改，涉及修改的条款达 70 多条，彰显了"以人为本"理念，对安全生产违法行为"亮红灯"，在改变监管方式上"出硬招"。新法的修改旨在为我国经济社会健康发展、营造安全的生产环境提供有力的法制保障。

二、《中华人民共和国劳动法》

为了保护劳动者的合法权益，调整劳动关系，建立和维护适应社会主义市场经济的劳动制度，促进经济发展和社会进步，1994 年 7 月 5 日第八届全国人民代表大会常务委员会第八次会议通过了《中华人民共和国劳动法》（以下简称《劳动法》），并于 1995 年 1 月 1 日开始施行。

《劳动法》共有十三章一百零七条，主要规定了促进就业制度、工作时间和休息休假制度、工资制度、劳动安全卫生制度、女职工和未成年工特殊保护规定、职业培训制度、社会保险和福利制度、劳动争议、监督检查及相应的法律责任等。

三、《中华人民共和国职业病防治法》

为了预防、控制和消除职业病危害，防治职业病，保护劳动者健康及其相关权益，促进经济社会发展，2001 年 10 月 27 日第九届全国人民代表大会常务委员会第 24 次会议通过了《中华人民共和国职业病防治法》（以下简称《职业病防治法》），于 2002 年 5 月 1 日正式施行。并于 2011 年 12 月 31 日由中华人民共和国第十一届全国人民代表大会常务委员会第 24 次会议决议通过修改《中华人民共和国职业病防治法》的决定，修改后的《职业病防治法》主要规定了劳动者依法享有职业卫生保护的权利。用人单位应当为劳动者创造符合国家职业卫生标准和卫生要求的工作环境和条件，并采取措施保障劳动者获得职业卫生保护。用人单位必须依法参加工伤保险。

对从事接触职业病危害的作业的劳动者，用人单位应当按照国务院安全生产监督管理部门、卫生行政部门的规定组织上岗前、在岗期间和离岗时的职业健康检查，并将检查结果书面告知劳动者。职业健康检查费用由用人单位承担。

用人单位不得安排未经上岗前职业健康检查的劳动者从事接触职业病危害的作业；不得安排有职业禁忌的劳动者从事其所禁忌的作业；对在职业健康检查中发现有与所从事的职业相关的健康损害的劳动者，应当调离原工作岗位，并妥善安置；对未进行离岗前职业健康检查的劳动者不得解除或者终止与其订立的劳动合同。职业健康检查应当由省级以上人民政府卫生行政部门批准的医疗卫生机构承担。

用人单位应当为劳动者建立职业健康监护档案，并按照规定的期限妥善保存。职业健康监护档案应当包括劳动者的职业史、职业病危害接触史、职业健康检查结果和职业病诊疗等有关个人健康的资料。劳动者离开用人单位时，有权索取本人职业健康监护档案复印件，用人单位应当如实、无偿提供，并在所提供的复印件上签章。

劳动者享有下列职业卫生保护权利：

（1）获得职业卫生教育、培训。

（2）获得职业健康检查、职业病诊疗、康复等职业病防治服务。

（3）了解工作场所产生或者可能产生的职业病危害因素、危害后果和应当采取的职业病防护措施。

（4）要求用人单位提供符合防治职业病要求的职业病防护设施和个人使用的职业病防护用品，改善工作条件。

（5）有权对违反职业病防治法律、法规以及危及生命健康的行为提出批评、检举和控告。

（6）有权拒绝违章指挥和进行没有职业病防护措施的作业。

（7）参与用人单位职业卫生工作的民主管理，对职业病防治工作提出意见和建议。

用人单位应当保障劳动者行使前款所列权利。因劳动者依法行使正当权利而降低其工资、福利等待遇或者解除、终止与其订立的劳动合同的，其行为无效。

医疗卫生机构发现疑似职业病病人时，应当告知劳动者本人并及时通知用人单位。用人单位应当及时安排对疑似职业病病人进行诊断；在疑似职业病病人诊断或者医学观察期间，不得解除或者终止与其订立的劳动合同。疑似职业病病人在诊断、医学观察期间的费用，由用人单位承担。

用人单位应当保障职业病病人依法享受国家规定的职业病待遇。用人单位应当按照国家有关规定，安排职业病病人进行治疗、康复和定期检查。用人单位对不适宜继续从事原工作的职业病病人，应当调离原岗位，并妥善安置。用人单位对从事接触职业病危害的作业的劳动者，应当给予适当的岗位津贴。

职业病病人的诊疗、康复费用，伤残以及丧失劳动能力的职业病病人的社会保障，按照国家有关工伤保险的规定执行。

职业病病人除依法享有工伤保险外，依照有关民事法律，尚有获得赔偿的权利的，有权向用人单位提出赔偿要求。

劳动者被诊断患有职业病，但用人单位没有依法参加工伤保险的，其医疗和生活保障由该用人单位承担。职业病病人变动工作单位，其依法享有的待遇不变。

四、《危险化学品安全管理条例》

《危险化学品安全管理条例》于2011年2月16日国务院第144次常务会议修订通过，自2011年12月1日起施行。其目的是加强危险化学品的安全管理，预防和减少危险化学品事故，保障人民群众生命财产安全，保护环境。

《危险化学品安全管理条例》主要规定了危险化学品生产、储存、使用、经营和运输的安全管理相关内容，对废弃危险化学品的处置，依照有关环境保护的法律、行政法规和国家有关规定执行。

有关作业人员的主要内容如下：

（1）危险化学品单位从事生产、经营、储存、运输、使用危险化学品或者处置废弃危险化学品活动的人员，必须接受有关法律、法规、规章和安全知识、专业技术、职业卫生防护、应急救援知识的培训，并经考核合格，方可上岗作业。

（2）国家对危险化学品的生产和储存实行统一规划、合理布局和严格控制，并对危险化学品生产、储存实行审批制度，未经审批，任何单位和个人都不得生产、储存危险化学品。

（3）任何单位和个人不得生产、经营、使用国家明令禁止的危险化学品。

（4）国家对危险化学品经营销售实行许可制度，未经许可，任何单位和个人都不得经营销售危险化学品。

（5）危险化学品运输企业应当对其驾驶员、船员、装卸管理人员、押运人员进行有关安全知识培训；驾驶员、船员、装卸管理人员、押运人员必须掌握危险化学品运输的安全知识，并经所在地设区的市级人民政府交通部门考核合格（船员经海事管理机构考核合格），取得上岗资格证，方可上岗作业。危险化学品的装卸作业必须在装卸管理人员的现场指挥下进行。

（6）运输危险化学品的驾驶员、船员、装卸人员和押运人员，事先必须了解所运载的危险化学品的性质、危害特性、包装容器的使用特性和发生意外时的应急措施。运输危险化学品，必须配备必要的应急处理器材和防护用品。

（7）任何单位和个人不得邮寄或者在邮件内夹带危险化学品，不得将危险化学品匿报或者谎报为普通物品邮寄。

（8）违反本条例的规定，伪造、变造、买卖、出借或者以其他方式转让剧毒化学品购买凭证、准购证以及其他有关证件，或者使用作废的上述有关证件的，由公安部门责令改正，处 10 万元以上 20 万元以下的罚款；触犯刑律的，对负有责任的主管人员和其他直接责任人员依照刑法关于伪造、变造、买卖国家机关公文、证件、印章罪或者其他罪的规定，依法追究刑事责任。

（9）违反本条例的规定，邮寄或者在邮件内夹带危险化学品，或者将危险化学品匿报、谎报为普通物品邮寄的，由公安部门处 10 万元以上 20 万元以下的罚款；触犯刑律的，依照刑法关于危险物品肇事罪或者其他罪的规定，依法追究刑事责任。

五、《工伤保险条例》

为了保障因工作遭受事故伤害或者患职业病的职工获得医疗救治和经济补偿，促进工伤预防和职业康复，分散用人单位的工伤风险，国务院于 2003 年 4 月 16 日第五次常务委员会议通过了《工伤保险条例》，2004 年 1 月 1 日起实施。2010 年 12 月 8 日经国务院第 136 次常务会议通过《国务院关于修改 < 工伤保险条例 > 的决定》，自 2011 年 1 月 1 日起施行。《工伤保险条例》主要内容包括：中华人民共和国境内的各类企业、有雇工的个体工商户（以下称用人单位）应当依照《工伤保险条例》规定参加工伤保险，为本单位全部员工或者雇工（以下称职工）缴纳工伤保险费；中华人民共和国境内的各类企业的员工和个体工商户的雇工，均有依照本条例的规定享受工伤保险待遇的权利；用人单位和职工应当遵守有关安全生产和职业病防治的法律法规，执行安全卫生规程和标准，预防工伤事故发生，避免和减少职业病危害。职工发生工伤时，用人单位应当采取措施使工伤职工得到及时救治。用人单位应当按时缴纳工伤保险费，职工个人不缴纳工伤保险费等。

1. 认定工伤

《工伤保险条例》明确了工伤的范围，规定职工有下列情形之一的，应当认定为工伤：

（1）在工作时间和工作场所内，因工作原因受到事故伤害的。

（2）工作时间前后在工作场所内，从事与工作有关的预备性或者收尾性工作时受到事故伤害的。

（3）在工作时间和工作场所内，因履行工作职责受到暴力等意外伤害的。

（4）患职业病的。

（5）因工外出期间，由于工作原因受到伤害或者发生事故下落不明的。

（6）在上下班途中，受到非本人主要责任的交通事故或者城市轨道交通、客运轮渡、火车事故伤害的。

（7）法律、行政法规规定应当认定为工伤的其他情形。

2. 视同工伤

职工有下列情形之一的，视同工伤：

（1）在工作时间和工作岗位，突发疾病死亡或者在 48 小时之内经抢救无效死亡的。

（2）在抢险救灾等维护国家利益、公共利益活动中受到伤害的。

（3）职工原在军队服役，因战、因公负伤致残，已取得革命伤残军人证，到用人单位后旧伤复发的。

职工有前款第（1）项、第（2）项情形的，按照本条例的有关规定享受工伤保险待遇；职工有前款第（3）项情形的，按照本条例的有关规定享受除一次性伤残补助金以外的工伤保险待遇。

3. 非工伤

职工符合上述 1、2 两项的规定，但是有下列情形之一的，不得认定为工伤或者视同工伤：

（1）故意犯罪的。

（2）醉酒或者吸毒的。

（3）自残或者自杀的。

4. 工伤认定申请

职工发生事故伤害或者按照职业病防治法规定被诊断、鉴定为职业病，所在单位应当自事故伤害发生之日或者被诊断、鉴定为职业病之日起 30 日内，向统筹地区社会保险行政部门提出工伤认定申请。遇有特殊情况，经报社会保险行政部门同意，申请时限可以适当延长。

用人单位未按前款规定提出工伤认定申请的，工伤职工或者其近亲属、工会组织在事故伤害发生之日或者被诊断、鉴定为职业病之日起 1 年内，可以直接向用人单位所在地统筹地区社会保险行政部门提出工伤认定申请。

提出工伤认定申请应当提交下列材料：

（1）工伤认定申请表。

（2）与用人单位存在劳动关系（包括事实劳动关系）的证明材料。

（3）医疗诊断证明或者职业病诊断证明书（或者职业病诊断鉴定书）。

工伤认定申请表应当包括事故发生的时间、地点、原因以及职工伤害程度等基本情况。

职工或者其近亲属认为是工伤，用人单位不认为是工伤的，由用人单位承担举证责任。

社会保险行政部门应当自受理工伤认定申请之日起 60 日内作出工伤认定的决定，并书面通知申请工伤认定的职工或者其近亲属和该职工所在单位。

5. 劳动能力鉴定

职工发生工伤，经治疗伤情相对稳定后存在残疾，影响劳动能力的，应当进行劳动能力鉴定。劳动能力鉴定是指劳动功能障碍程度和生活自理障碍程度的等级鉴定。劳动功能障碍分为十个伤残等级，最重的为一级，最轻的为十级。生活自理障碍分为三个等级，即生活完全不能自理、生活大部分不能自理和生活部分不能自理。

劳动能力鉴定由用人单位、工伤职工或者其近亲属向设区的市级劳动能力鉴定委员会提出申请，并提供工伤认定决定和职工工伤医疗的有关资料。设区的市级劳动能力鉴定委员会应当自收到劳动能力鉴定申请之日起 60 日内作出劳动能力鉴定结论，必要时，作出劳动能力鉴定结论的期限可以延长 30 日。劳动能力鉴定结论应当及时送达申请鉴定的单位和个人。

6. 伤残待遇

伤残待遇的确定和工伤职工的安置以评定的伤残等级为主要依据。

职工因工作遭受事故伤害或者患职业病进行治疗，享受工伤医疗待遇。

职工治疗工伤应当在签订服务协议的医疗机构就医，情况紧急时可以先到就近的医疗机构急救。

治疗工伤所需费用符合工伤保险诊疗项目目录、工伤保险药品目录、工伤保险住院服务标准的，从工伤保险基金支付。工伤保险诊疗项目目录、工伤保险药品目录、工伤保险住院服务标准，由国务院社会保险行政部门会同国务院卫生行政部门、食品药品监督管理部门等部门制定。

职工住院治疗工伤的伙食补助费，以及经医疗机构出具证明，报经办机构同意，工伤职工到统筹地区以外就医所需的交通、食宿费用从工伤保险基金支付，基金支付的具体标准由统筹地区人民政府规定。

工伤职工治疗非工伤引发的疾病，不享受工伤医疗待遇，按照基本医疗保险办法处理。

第三节 员工安全生产权利和义务

《安全生产法》第六条规定：“生产经营单位的从业人员有依

法获得安全生产保障的权利，并应当依法履行安全生产方面的义务”。《安全生产法》第三章对从业人员的安全生产权利和义务作了比较全面、明确的规定，并且设定了严格的法律责任，为保障员工的合法权益提供了法律依据。

一、员工的人身保障权利

《安全生产法》规定了各类从业人员必须享有的有关安全生产和人身安全的最重要、最基本的权利。这些基本安全生产权利可以概括为以下五项：

1. 获得安全保障、工伤保险和民事赔偿的权利

《安全生产法》明确赋予了员工享有工伤保险和获得伤亡赔偿的权利，同时规定了石油化工企业的相关义务。新《安全生产法》第四十九条规定：“生产经营单位与从业人员订立的劳动合同，应当载明有关保障从业人员劳动安全、防止职业危害的事项，以及依法为从业人员办理工伤保险的事项。生产经营单位不得以任何形式与从业人员订立协议，免除或者减轻其对从业人员因生产安全事故伤亡依法应承担的责任。”第五十三条规定：“因生产安全事故受到损害的人员，除依法享有工伤保险外，依照有关民事法律尚有获得赔偿的权利的，有权向本单位提出赔偿要求。”第四十八条规定：“生产经营单位必须依法参加工伤保险，为从业人员缴纳保险费。国家鼓励生产经营单位投保安全生产责任保险。”此外，对生产经营单位与从业人员订立协议，免除或者减轻其对从业人员因生产安全事故伤亡依法应承担的责任的，该协议无效，并对生产经营单位主要负责人、个人经营的投资人处二万元以上十万元以下的罚款。

按照《安全生产法》的有关规定，明确了以下四个问题：

第一，员工依法享有工伤保险和伤亡求偿的权利。法律规定这项权利必须以劳动合同必要条款的书面形式加以确认。没有依法载明或者免除或减轻石油化工企业对员工因生产安全事故伤亡依法应承担的责任的行为，是一种非法行为，应当承担相应的法律责任。

第二，依法为员工缴纳工伤保险费及给予民事赔偿，是生产经营单位的法律义务。生产经营单位不得以任何形式免除该项义务，不得变相以抵押金、担保金等名义强制员工缴纳工伤保险费。

第三，发生生产安全事故后，员工首先依照劳动合同和工伤保险合同的约定，享有相应的赔付金。如果工伤保险金不足以补偿受害者的人身损害及经济损失，依照有关民事法律应当给予赔偿的，员工或其亲属有要求生产经营单位给予赔偿的权利，生产经营单位必须履行相应的赔偿义务；否则，受害者或其亲属有向人民法院起诉和申请强制执行的权利。

第四，员工获得工伤保险赔付和民事赔偿的金额标准、领取和支付程序，必须符合法律、法规和国家的有关规定。员工和生产经营单位均不得自行确定标准，不得非法提高或者降低标准。

《安全生产法》的上述规定主要是针对大量存在的“生死合同”，赋予了员工必要的法定权利，具有操作性和不可侵犯性。所谓“生死合同”，实际就是私营企业法人利用法律不够健全及员工的无知和无奈，逃避因事故造成的员工伤亡的经济赔偿责任。这是侵犯员工人身权利、剥夺员工应有的经济权利的严重违法行为，必须依法规范。《安全生产法》从法律上确定了“生死合同”的非法性，并规定了相应的法律责任，这就为员工的合法权利提供了法律保障，为监督管理和行政执法提供了明确的法律依据。

2. 得知危险因素、防范措施和事故应急措施的权利

《安全生产法》规定，生产经营单位员工有权了解其作业场所和工作岗位存在的危险因素、防范措施及事故应急措施，有权对本单位的安全生产工作提出建议。要保证员工这项权利的行使，生产经营单位就有义务事前告知有关危险因素和事故应急措施；否则，生产经营单位就侵犯了员工的权利，并对由此产生的后果承担相应的法律责任。

3. 对本单位安全生产的批评、检举和控告的权利

员工是生产经营单位的主人，他们对安全生产情况尤其是安全管理中的问题和事故隐患最了解、最熟悉，具有他人不能替代的作用。只有依靠他们并且赋予必要的安全生产监督权和自我保护权，才能做到预防为主，防患于未然，才能保障他们的人身安全和健康。关注安全，就是关爱生命，关心企业。一些生产经营单位的主要负责人不重视安全生产，对安全问题熟视无睹，不听取员工的正确意见和建议，使本来可以发现、及时处理的事故隐患不断扩大，导致事故和人员伤亡；有的竟然对批评、检举、控告生产经营单位安全生产问题的员工进行打击报复。《安全生产法》针对某些生产经营单位存在的不重视甚至剥夺员工对安全管理监督权利的问题，规定员工有权对本单位的安全生产工作提出建议；有权对本单位安全生产工作中存在的问题提出批评、检举、控告。

4. 拒绝违章指挥和强令冒险作业的权利

在生产经营活动中经常出现企业负责人或者管理人员违章指挥和强令员工冒险作业的现象，由此导致事故，造成人员大量伤亡。因此，法律赋予员工拒绝违章指挥和强令冒险作业的权利，不仅是为了保护员工的人身安全，也是为了警示生产经营单位负责人和管理人员必须照章指挥，保证安全，并不得因员工拒绝违章指挥和强令冒险作业而对其进行打击报复。《安全生产法》第五十一条规定："生产经营单位不得因从业人员对本单位安全生产工作提出批评、检举、控告或者拒绝违章指挥、强令冒险作业而降低其工资、福利等待遇或者解除与其订立的劳动合同。"

5. 紧急情况下的停止作业和紧急撤离的权利

《安全生产法》第五十二条规定："从业人员发现直接危及人身安全的紧急情况时，有权停止作业或者在采取可能的应急措施后撤离作业场所。生产经营单位不得因从业人员在前款紧急情况下停止作业或者采取紧急撤离措施而降低其工资、福利等待遇或者解除与其订立的劳动合同。"员工在行使这项权利时，必须明确四点：一是危及员工人身安全的紧急情况必须有确实可靠的直接根据，凭借个人猜测或者误判而实际并不属于危及人身安全的紧急情况除外，该项权利也不能滥用；二是紧急情况必须直接危及人身安全，间接或者可能危及人身安全的情况不应撤离，而应采取有效的处理措施；三是出现危及人身安全的紧急情况时，首先是停止作业，然后要采取可能的应急措施，采取应急措施无效时，再撤离作业场所；四是该项权利不适用于某些从事特殊职业的员工，如飞行人员、船舶驾驶人员、车辆驾驶人员等，根据有关法律、国际公约和职业惯例，在发生危及人身安全的紧急情况下，他们不能或者不能先行撤离从业场所或者岗位。

二、员工的安全生产义务

《安全生产法》不但赋予了员工安全生产权利，也设定了相应的法定义务。作为法律关系内容的权利与义务是对等的。没有无权利的义务，也没有无义务的权利。员工依法享有权利，同时必须承担相应的法律义务和法律责任。《安全生产法》第三章“从业人员的安全生产权利义务”中从第五十四条到五十六条规定了员工在安全生产方面的义务。

第五十四条规定：“从业人员在作业过程中，应当严格遵守本单位的安全生产规章制度和操作规程，服从管理，正确佩戴和使用劳动防护用品。”

第五十五条规定：“从业人员应当接受安全生产教育和培训，掌握本职工作所需的安全生产知识，提高安全生产技能，增强事故预防和应急处理能力。”

第五十六条规定：“从业人员发现事故隐患或者其他不安全因素，应当立即向现场安全生产管理人员或者本单位负责人报告；接到报告的人员应当及时予以处理。”

员工一定要清楚自己在安全生产方面的义务和权利；员工在安全生产建设过程中也应严格履行自身所承担的义务，保证本企业安全生产、健康发展。

具体地讲，员工在安全生产方面的义务主要有以下几个方面：

1. 严格遵守《安全生产法》及有关的安全生产法规、规定和各种安全生产规程以及安全生产的岗位责任制

要重视生产经营单位在生产建设中制定的关于安全生产的各项

规章制度。员工的首要任务就是要认真遵守执行国家颁布的各项安全生产法律、法规及各项规程、标准，这是保证安全生产的基本要求。国家所颁布的这些法律、法规、规程等规定都是我国对以往各行各业所发生的伤亡事故的科学总结，每一章、每一条都付出了血的代价。为了保证员工的生命和健康，也为了保证生产经营单位的顺利发展，国家制定颁布了保证安全生产的有关法律、法规，生产企业的员工有责任、有义务认真贯彻执行，任何人不得以任何理由拒绝执行或违背。生产经营企业的员工不服从管理，违反安全生产规章制度和操作规程的，由生产经营单位给予批评教育，依照有关规章制度给予处分；造成重大事故构成犯罪的，依照刑法有关规定追究刑事责任。

2. 正确佩戴和使用劳动防护用品

按照法律、法规的规定，为保障人身安全，生产经营单位必须为员工提供必要的、安全的劳动防护用品，以避免或者减轻作业和事故中的人身伤害。但实践中由于一些员工缺乏安全知识，认为佩戴和使用劳动防护用品没有必要，往往不按规定佩戴或者不能正确佩戴和使用劳动防护用品，由此引发的人身伤害事故时有发生，造成不必要的伤亡。因此，正确佩戴和使用劳动防护用品是员工必须履行的法定义务，这是保障从业人员人身安全和生产经营单位安全生产的需要。员工不履行该项义务而造成人身伤害的，生产经营单位不承担法律责任。

3. 经常检查工作地点及设备的安全状态，采取措施立即纠正已查明的违反安全规程及准则的行为

各个生产行业由于其自身的特点，工作条件复杂多变，作业环境差，危险因素多，给生产带来了许多困难和安全上的隐患，如不经常检查工作地点及设备的安全运转状态，就有可能酿成事故。员工必须经常检查工作地点及设备是否处于良好状态，对发现已违反安全规程及准则的行为，必须立即纠正。只有时刻保持“安全第一、预防为主”的思想，才能保证安全生产，避免事故的发生。

4. 遵守劳动纪律，接受培训，提高安全生产素质，积极参加技术革新活动，提出合理化建议，不断改善劳动安全生产条件和作业环境

遵守劳动纪律是对每一个职工最基本的要求。为了保证安全生产，班前会议、交接班制度等规定必须认真执行。由于不遵守劳动纪律，迟到和提前下班，导致下一班不清楚上一班工作情况或留有隐患而未发现，致使发生伤亡事故的案例，应当引起人们的高度重视。遵守劳动纪律，执行各项规章制度是安全生产的基本保证，每一名员工都必须认真遵守和执行。

员工的安全生产意识和安全技能的高低直接关系到生产经营活动的安全可靠性。特别是从事危险物品生产作业的人员，更需要具有系统的安全生产知识，熟练的安全生产技能，以及对不安全因素和事故隐患、突发事故的预防及处理能力和经验。许多国有大型企业一般比较重视安全生产培训工作，员工的安全生产素质比较高。但是许多非国有中、小企业不重视或者不搞安全生产培训，有的员工没有经过专门的安全生产培训，或者简单应付了事，其中部分员工不具备应有的安全生产素质。因此，违章操作、酿成事故的案例比比皆是。所以，员工必须接受安全知识教育培训，提高安全生产素质。

提出合理化建议，不断改善劳动安全生产条件和作业环境，是企业员工的一项义务。这是人们实现安全生产，保证企业员工身心健康的一项有效手段。员工，尤其是工作在第一线的员工，对于如何保证安全生产、改善劳动条件及作业环境，具有优先发言权。他们感触最深，提出的建议也比较符合实际。政府鼓励员工提出改善劳动安全生产条件和作业环境的合理化建议，并积极采纳，企业应予以大力支持。

5. 发现事故隐患及时报告的义务

员工直接进行生产经营作业，是事故隐患和不安全因素的第一当事人。许多生产安全事故是由于员工在作业现场发现事故隐患和不安全因素后没有及时报告，以致延误了采取措施进行紧急处理的时机，并由此发生重大、特大事故。如果员工尽职尽责，及时发现并报告事故隐患和不安全因素，许多事故能够得到及时报告并有效处理，完全可以避免事故发生和降低事故损失。所以，要求全体员工必须具有高度的责任心，及时发现事故隐患和不安全因素，防患于未然，预防事故的发生。

6. 发生事故后，企业员工有积极参加抢救事故的义务

企业发生伤亡事故后，企业的每个部门及员工应立即行动起来，积极参加事故抢救，尽一切可能减少职工人员伤亡和国家财产损失，要有组织地服从抢救指挥部布置的各项任务，不允许任何人以任何借口逃避事故抢救工作。对在事故抢救中表现突出的职工要给予精神鼓励和物质奖励，积极参加事故抢救，保证事故损失减小到最低限度，是每一名员工都不可推卸的责任和义务。

第四节　安全生产责任追究

生产安全事故责任追究制度就是依照安全生产法和有关法律、法规的规定，追究生产安全事故责任人员法律责任的一种制度。《安全生产法》明确规定对生产安全事故实行责任追究制度。安全生产违法行为的法律责任方式有三类，即行政责任、民事责任和刑事责任。

一、行政责任

行政责任是指违反有关行政管理的法律、法规的规定，但尚未构成犯罪的行为所依法应当承担的法律后果。行政责任一般分为行政处分和行政处罚两种。

1. 行政处分

行政处分是指对国家工作人员及由国家机关委派到企事业单位任职的人员的违法行为，由所在单位或者其上级主管机关所给予的一种制裁性处理。按照行政监察法及国务院的有关规定，行政处分的种类包括警告、记过、降级、降职、撤职、开除等。

2. 行政处罚

行政处罚是指对有行政违法行为的单位或个人给予的行政制裁。按照行政处罚法的规定，行政处罚的种类包括警告、罚款、没收财物、责令停止生产或停止营业、吊销营业执照等。

依照《安全生产法》第八十三条和第八十四条的规定，在对生产安全事故的调查处理中，必须实事求是地查明事故性质和责任。对确定为责任事故的，除了应当查明事故单位的责任并依法予以追究外，还应当查明对安全生产的有关事项负有审查批准和监督职责的行政部门的责任，对有失职、渎职行为的，依法给予处分；构成犯罪的，依照刑法有关规定追究刑事责任。此外，国务院在2001年4月发布的《国务院关于特大安全事故行政责任追究的规定》(国务院令第302号）中规定，对市（地、州）、县（市、区）人民政府依照本规定应当履行职责而未履行，或者未按照规定的职责和程序履行，本地区发生特大安全事故的，对政府主要领导人，根据情节轻重，给予降级或者撤职的行政处分；负责行政审批的政府部门或者机构、负责安全生产监督管理的政府有关部门，未依照本规定履行职责，发生特大安全事故的，对部门或者机构的正职负责人，根据情节轻重，给予撤职或者开除公职的行政处分；发生特大安全事故，社会影响特别恶劣或者性质特别严重的，由国务院对负有领导责任的省长、自治区主席、直辖市市长和国务院有关部门正职负责人给予行政处分。

二、民事责任

民事责任是指责任主体违反安全生产法律规定造成民事损害，由人民法院依照民事法律强制其进行民事赔偿的法律责任。民事责任的追究是为了最大限度地维护当事人受到民事损害时享有获得民事赔偿的权利。

《安全生产法》对违反安全生产有关法律法规所承担的民事责任作出了明确规定。《安全生产法》第一百条规定：“生产经营单位将生产经营项目、场所、设备发包或者出租给不具备安全生产条件或者相应资质的单位或者个人的，……导致发生生产安全事故给他人造成损害的，与承包方、承租方承担连带赔偿责任。”第一百一十一条规定：“生产经营单位发生生产安全事故造成人员伤亡、他人财产损失的，应当依法承担赔偿责任。”

三、刑事责任

刑事责任是指有依照刑法规定构成犯罪的严重违法行为所应承担的法律后果。追究刑事责任的方式是依照刑法的规定给予刑事制裁，刑事责任是最为严厉的法律责任。2011 年 2 月 25 日通过的《刑法》修正案（八）中关于“危害公共安全罪”表述中，对包括重大责任事故罪、重大劳动安全事故罪、危险物品肇事罪、建设工程重大安全事故罪等在内的九种重大责任事故犯罪的犯罪构成及刑事责任作了规定。在《安全生产法》“法律责任”一章的有关条款中，以及在《国务院关于特大安全事故行政责任追究的规定》中，对造成严重事故后果的违法行为规定了要依法追究刑事责任，就是指要依照刑法的有关规定追究其刑事责任。

为了制裁那些情节恶劣的安全生产违法犯罪分子，《安全生产法》中关于追究刑事责任的规定共有 18 条。如第一百零六条规定：“生产经营单位的主要负责人在本单位发生生产安全事故时，不立即组织抢救或者在事故调查处理期间擅离职守或者逃匿的……构成犯罪的，依照刑法有关规定追究刑事责任。”

《劳动法》也对安全生产的刑事责任作出了规定。《劳动法》第九十三条规定：“用人单位强令劳动者违章冒险作业，发生重大伤亡事故，造成严重后果的，对责任人员依法追究刑事责任。”第九十二条规定：“用人单位的劳动安全设施和劳动卫生条件不符合国家规定或者未向劳动者提供必要的劳动防护用品和劳动保护设施的，由劳动行政部门或者有关部门责令改正，可以处以罚款；情节严重的，提请县级以上人民政府决定责令停产整顿；对事故隐患不采取措施，致使发生重大事故，造成劳动者生命和财产损失的，对责任人员比照刑法第一百八十七条的规定追究刑事责任。”

《刑法》修正案（八）中有关安全生产违法行为的罪名主要是

重大责任事故罪、强令违章冒险作业罪、重大劳动安全事故罪、工程重大安全事故罪。其中第一百三十四条规定："在生产、作业中违反有关安全管理的规定，因而发生重大伤亡事故或者造成其他严重后果的，处3年以下有期徒刑或者拘役；情节特别恶劣的，处3年以上7年以下有期徒刑。强令工人违章冒险作业，因而发生重大伤亡事故或者造成其他严重后果的，处5年以下有期徒刑或者拘役；情节特别恶劣的，处5年以上有期徒刑。"第一百三十五条规定："安全生产设施或者安全生产条件不符合国家规定，因而发生重大伤亡事故或者造成其他严重后果的，对直接负责的主管人员和其他直接责任人员，处三年以下有期徒刑或者拘役；情节特别恶劣的，处三年以上七年以下有期徒刑。"第一百三十五条规定："建设单位、设计单位、施工单位、工程监理单位违反国家规定，降低工程质量标准，造成重大安全事故的，对直接责任人员，处五年以下有期徒刑或者拘役，并处罚金；后果特别严重的，处五年以上十年以下有期徒刑，并处罚金。"

第五节　安全色与安全标志

为了贯彻"安全第一、预防为主"的方针，国家分别于2008年12月11日发布，2009年10月1日实施《安全色》（GB 2893—2008）和《安全标志及其使用导则》（GB 2894—2008）两个标准。这两个标准对预防事故，保障安全起到了一定的作用。

一、安全色标志

安全色有红色、蓝色、黄色、绿色四种颜色。

1. 红色

红色表示禁止、停止、危险以及消防设备的意思，凡是禁止、停止、消防和有危险的元部件或环境均应涂以红色的标记作为警示的信号。如各种禁止标志、交通禁令标志、消防设备标志、机械的停止按钮、刹车及停车装置的操纵手柄、机器设备转动部件的裸露部分（如飞轮、齿轮、带轮等轮辐部分）、仪表刻度盘上极限位置的刻度和各种危险信号旗等。

2. 蓝色

蓝色表示指令，表示要求人们必须遵守的规定。例如，各种指令标志、道路交通标志和标线中指示标志，如危险机器和坑池周围的警戒线等；各种飞轮、带轮及防护罩的内壁，警告信号旗等。

3. 黄色

黄色表示提醒人们注意，凡是警告人们注意的元器件、设备及环境都应以黄色表示。例如，各种警告标志、道路交通标志和标线中警告标志、警告信号旗等。

4. 绿色

绿色表示给人们提供允许、安全的信息。例如，各种提示标志、机器启动按钮、安全信号旗、急救站、疏散通道、避险处、应急避难场所等。

5. 对比色

对比色是使安全色更加醒目的反衬色，包括黑、白两种颜色。黑色用于安全标志的文字、图形符号和警告标志的几何边框；白色作为安全标志红、蓝、绿的背景色，也可用于安全标志的文字和图形符号。

二、安全标志

安全标志用于为了引起人们对不安全因素的注意，预防事故的发生。安全标志不能代替安全操作规程和保护措施。安全标志是用以表达特定安全信息的标志，由图形符号、安全色、几何形状（边框）或文字构成。安全标志分禁止标志、警告标志、指令标志和提示标志。

1. 禁止标志

禁止标志是指禁止人们不安全行为的图示标志，禁止标志的基本形式是带斜杠的圆边框。

2. 警告标志

警告标志是指提醒人们对周围环境引起注意，以避免可能发生危险的图形标志。警告标志的基本形式是正三角形边框。

3. 指令标志

指令标志是指强制人们必须做出某种动作或采用防范措施的图形标志。指令标志的基本形式是圆形边框。

4. 提示标志

提示标志是指向人们提供某种信息（如标明安全设施或场所等）的图形标志。提示标志的基本形式是正方形边框。

第二章　石油化工企业安全生产知识

以石油、石油炼制后的产品、油田气或天然气为原料，采取不同工艺生产燃料油、润滑油、化工原料、化工中间体和化工产品的工业，统称为石油化学工业。

石油化学工业主要包括炼油、石油化工、化纤和化肥四大行业，是国民经济的支柱产业之一。石油化学工业在国民经济中占有重要位置，可以说人们的衣、食、住、行样样都离不开石油化工产品，它与人们的生活密切相关，并且渗透到国民经济的各个领域，广泛应用于工业、农业、国防、交通、电子、通信、轻工、纺织、建筑及其他制造行业，已经成为发展国防工业和尖端科学技术所必需的燃料和原料。但是，石油化工生产具有易燃易爆、有毒有害、腐蚀性强、生产工艺复杂、操作条件苛刻等特点。随着新技术、新产品的不断开发和应用，改建、扩建项目的不断增多，潜在的危险隐患也随之增加。因此，寻找行之有效的预防控制措施，确保生产的安全顺利进行，显得极为重要。

第一节　石油化工生产特点

一、生产过程危险大

由于石油化工生产中使用的原材料、半成品、成品及各种辅助材料等大多是易燃易爆物质，若管理不当，操作失误，使用不合理，极易引起火灾和爆炸。因此，生产中具有的潜在危险会发展成为灾害性事故。

1. 火灾和爆炸

火灾和爆炸是石油化工生产中易发生而且危险性甚大的事故类

型。石油化工生产过程中，客观存在着许多引发火灾爆炸的因素。一是原材料、辅助材料、中间产品、产品的易燃易爆性，如原油、重油、石脑油、汽油、煤及其粉尘、焦炭、天然气、油田气、炼厂气、焦炉气等都具有易燃易爆的性质；二是高温操作带来的危险性，高温条件是引起工艺过程中物质燃烧爆炸的重要因素；三是高压运行带来的危险性，高压操作使可燃气体的爆炸极限增大，爆炸危险性加大。另外，高压操作对设备选材、制造及维护带来许多问题，也易引发火灾和爆炸事故。

2. 毒害性

石油化工生产中，有毒物质普遍、大量地存在于生产过程中，其种类之多、数量之大、范围之广都超过其他任何行业。其中，有许多原料和产品本身即为有毒物，在生产过程中添加的一些化学性物质也多为有毒性的，在生产过程中因化学反应又生成一些新的有毒性物质，如氰化物、氟化物、硫化物、氮氧化物及烃类等。这些毒物有的属一般性的，也有一些属于高毒性和剧毒性的，它们可以以气体、液体和固体三种状态存在，并随生产条件的变化而不断改变原来的状态。此外，在生产操作环境和施工作业场所还有一些有害的因素，如工业噪声、高温、粉尘、射线等。对这些有毒有害因素要有足够的认识，必须采取相应措施；否则，不但会造成急性中毒事故，还会随着时间的增长，即便是在低浓度（剂量）条件下，也会因多种有害因素对人体的联合作用而影响员工的身体健康，导致发生各种职业性疾病或慢性病。

3. 腐蚀性强

石油化工生产过程中的腐蚀性主要来源于生产工艺过程中使用的强腐蚀性物质，如硫酸、硝酸、盐酸和烧碱等，它们不但对人有很强的化学灼伤作用，而且对金属设备也有很强的腐蚀作用。同时，生产过程中有些原料和产品本身具有较强的腐蚀作用，如原油中含有的硫化物常将设备管道腐蚀坏；再者，生产过程中的化学反应会生成许多新的具有不同腐蚀性的物质，如硫化氢、氯化氢、氮氧化物等。

二、生产装置大型化

目前，我国石油化工生产装置的规模越来越大型化。2014 年，中国石化炼油综合配套能力已突破 2.5 亿吨，高硫原油加工能力已突破 8 000 万吨，高酸原油加工能力突破 1 500 万吨，全国乙烯产能接近 2 000 万吨。生产装置的大型化有效地提高了生产效率，给企业带来了更大的经济效益。但是，从安全生产的角度看，大型石油化工生产装置由于储存的易燃易爆物料量很多，所以潜在的危险能量很大。一旦发生事故，带来的损失将是十分巨大的。

三、生产过程具有高度的连续性和密闭性

石油化工生产具有高度的连续性，不分昼夜，不分节假日，长周期连续倒班作业。从原料的输入到成品的输出，各生产装置和工序之间都紧密相连，互相制约，具有高度的连续性。任何一道工序或者一台设备发生故障，都会影响到整个生产过程的平稳、正常进行，甚至可能造成重大事故。

四、生产工艺过程和辅助系统庞大，操作复杂

石油化工生产从原料到产品，一般都需要经过许多生产工序和复杂的加工单元，通过多次反应或分离才能完成。例如，乙烯生产要经过 14 个单元，化肥生产要经过 12 个单元的生产过程等，生产过程既复杂又庞大。

石油化工生产过程对工艺参数的控制要求相当严格，生产是在高温、高压或低温和负压等条件下进行的，这种生产的特殊性给实现安全生产带来很大的困难。例如，在丙烯与空气直接氧化生产丙烯酸的反应中，各种物料比处于爆炸极限附近，且反应温度超过中间产物的自燃点，控制稍有偏差就有发生爆炸的危险。

五、生产过程技术密集，自动化程度高

在石油化工生产过程中，从设备的选用、制造到加工工艺，可以说都要求采用各种先进的技术。由于大型化、连续化、工艺过程复杂化和对工艺参数的苛刻要求，现代化的石油化工生产过程若再用人工操作，显然已经远远不能适应使其平稳和安全生产的要求，必须采用自动化程度很高的操作控制系统。

第二节 防火防爆

一、火灾爆炸类型及特点

石油化工生产的火灾爆炸类型概括起来有燃烧和爆炸两种，通常以四种形式表现出来，即由燃烧导致爆炸、爆炸后引起燃烧、只燃烧不爆炸、只爆炸不燃烧。石油化工生产火灾爆炸的特点与其他行业具有较大的差别。

1. 火灾类型

（1）按照火灾发生的对象不同分为：罐区火灾，如油罐区、液化石油气罐区火灾等；仓库火灾，如石油化学危险品仓库火灾等；工艺装置火灾，如反应器、压缩机、管道等设备的火灾；生产厂房火灾，如泵房、压缩机房火灾等；建筑物火灾，如厂区内维修、检验分析等建筑物的火灾。

（2）按照燃烧物品的种类不同分为：气体火灾，如煤气、乙炔气、液化石油气、天然气火灾；油剂品火灾，如原油、汽油、煤油、化工试剂火灾；可燃物火灾，如橡胶、塑料火灾；电气火灾，如供水、供电、供气的电气设备火灾；金属火灾，如钾、钠、镁、铝等金属的火灾；过剩氧火灾，即氧含量过高引起的火灾。

（3）按照燃烧物品的状态不同分为气态火灾、液态火灾、固态火灾。

2. 火灾特点

（1）爆炸性火灾多。石油化工生产中所使用的原料、生产的中间体和产品大多具有易燃易爆的特性，容易发生爆炸性火灾。生产中所使用的设备多为压力容器，因操作失误等原因使设备内发生超温、超压或异常反应，可能导致设备发生爆炸性火灾。

（2）大面积流淌性火灾。气态、液态物料具有良好的流动性，当储罐、塔、反应器等容量设备遭到破坏时，大量物料外泄，易造成大面积流淌性火灾。这种火灾通常易发生在油品储罐区及油品库房等区域。

（3）立体性火灾。石油化工原料、产品的易燃易爆性和流动扩散性，生产设备集中布置的立体性，厂房建筑的多孔性和相互贯通性，导致火灾发生后会使火势向立体性火灾发展。

（4）火势发展速度快。石油化工生产设备布置集中，物料处理量大，物料流动扩散性强，建筑物的互通性强。因此，一旦发生火灾，火势的发展比较迅速。

（5）爆炸导致燃烧，燃烧中产生爆炸。设备爆炸引起大面积燃烧是石油化工生产中比较常见的火灾现象。设备因发生剧烈的化学反应或超压而导致爆炸，易引起设备内可燃物燃烧。燃烧产生的高热量会迅速加热相邻设备内的物料，使其温度升高，压力增大而导致爆炸。

3. 爆炸的类型

（1）按照爆炸物质种类不同，分为混合气体的爆炸、气体分解爆炸、粉尘爆炸、混合危险物爆炸、爆炸性化合物爆炸、蒸气爆炸。

（2）按照初始爆炸发生地点不同，分为封闭空间爆炸、敞开空间爆炸、连锁爆炸。

（3）按照爆炸性质不同，分为物理性爆炸和化学性爆炸两大类。

二、防火防爆的安全装置

防火防爆安全装置是指生产系统中为预防事故所设置的各种检测、控制、联锁、保护、报警等仪器、仪表、装置的总称。按其作用不同，可以分为以下几类：

1. 检测仪器

检测仪器包括温度计、压力计、物位计、成分测量仪等。

（1）温度计。是用以测量物料及设备温度高低的一种仪器。温度传感器的敏感元件应位于被测温度流的中间。

（2）压力计。是用以测量流体压力大小的仪表。在检查和调整压力测量系统时，要保护测量敏感元件不受高温工作介质、大的脉动压力、腐蚀介质等的破坏影响。

（3）物位计。是用来确定容器内物料数量的一种仪表。通过物位计可以掌握容器内液位、料位及不同密度液体的界面或液—固相之间的分界面等是否在工艺要求范围内，这是保证生产安全运行的重要条件之一。

（4）成分测量仪。是用来分析原料、中间体的成分及产品纯度的一种测量仪。一般由检测器、信号处理装置、取样及预处理装置三部分组成，通过成分测量仪对危险性物质成分的测定，可以有效地控制生产，预防火灾。

2. 防爆泄压装置

防爆泄压装置包括安全阀、爆破片、防爆门、防爆墙、呼吸阀、放空管等。

（1）安全阀。是为了防止设备和容器内非正常压力过高引起爆炸而设置的，主要用于防止物理性爆炸。其作用是排放、泄压和报警，即受压设备内部压力超过正常压力时，安全阀自行开启，迅速排出设备内的部分物料，使设备压力降低，当压力降低至正常值时，自行关闭。安全阀开启向外排放物料时，产生气体动力声响起到报警作用。

（2）爆破片。是一种防止压力急剧增加导致设备破裂的防爆泄压装置。爆破片具有密封性好、泄放物料多、泄压迅速等特点，主要用于防止化学性爆炸，通常设置在密闭的受压容器或管道上。当设备内物料发生异常反应，导致压力超过设定的压力时能自动破裂，释放流体介质，以降低设备内的压力，防止设备破裂。

（3）防爆门。一般设置在燃烧室外墙壁上，以防止燃烧室发生爆炸或爆燃时设备遭到破坏。一般防爆门应设置在人员不经常到的地方，高度不低于2 m。

（4）防爆墙。一般为钢筋混凝土墙，墙厚通常为30 ~ 40 cm，为防止爆炸灾害的扩展，在有爆炸危险和无爆炸危险的装置间以及具有较大爆炸危险的设备周围设置防爆墙，以阻止爆炸飞散物及冲击波的袭击。

（5）呼吸阀。是安装在油品储罐上的一种安全附件，用于保持密闭容器内外压力动态平衡的装置。

（6）放空管。是一种管式排放、泄压安全装置，用于防止物料因发生急剧反应、分解等造成的超高温、超压、爆炸等恶性事故。

3. 防火控制和隔绝装置

防火控制和隔绝装置在石油化工生产工艺中能够阻止火焰或爆炸冲击波沿着工艺管道或设备向下传递，防止火势蔓延。根据使用的场合不同分为安全液封、水封井、阻火器、火星熄灭装置等。例如，安全液封主要用于可燃气体管道内；水封井通常用于可燃气体、易燃液体或油污的污水管网上；阻火器一般用于易燃易爆的高热设备中；火星熄灭装置通常安装在产生火星设备的排空系统，以防止飞出的火星引燃周围物质。

4. 紧急制动和联锁装置

紧急制动和联锁装置包括紧急切断阀、逆止阀和各种安全联锁装置等。紧急制动和联锁装置用于使发生异常的装置与其他连续生产装置隔开，防止事故传播。

（1）紧急切断阀。通常用于液化石油气储罐等危险装置的液态和气态介质的管道上，当发生火灾或爆炸时，能迅速切断气源，防止事故蔓延扩大。

（2）逆止阀。主要用于高压系统与低压系统的连接处，其作用是允许流体仅向一个方向流动，遇到回流时自动关闭，以防止高压窜入低压，引起设备炸裂。

三、石油化工生产中防火防爆措施

石油化工生产具有较大的火灾爆炸危险性，必须制定防火防爆措施。

1. 预防性措施

预防性措施的基本出发点是使可燃物、氧化剂、点火源没有结合的机会，从根本上杜绝引发火灾爆炸的可能性。一是消除导致火灾爆炸的物质条件；二是消除火灾爆炸的能源条件。

2. 限制性措施

限制性措施是指通过控温控压装置、阻火装置、防爆泄压装置、报警装置及应急措施等限制火势蔓延、扩大。高压设备设置安全阀、回流阀、放空阀及泄压阀等防爆泄压装置；低压真空设备设置密封、排气、吸收等防爆泄压装置；报警装置如警铃、蜂鸣器、指示灯等；应急措施如紧急切断电源或切断进料、紧急通入惰性气体或加入抑制剂等。

3. 消防措施

发生火灾要尽快启用消防设施，及时扑灭初期火灾，以防重大火灾事故的发生。

4. 疏散性措施

一旦发生火灾爆炸要及时将人员和物资疏散到安全位置。设置安全通道、信号标志、安全梯等疏散性设施。

四、生产工艺参数的安全控制

在石油化工生产中，工艺参数主要是指操作温度、投料速度、原材料配比、杂质含量和操作压力等。严格按照工艺要求控制工艺参数，是实现安全生产、防止火灾和爆炸发生的基本保证。

1. 控制操作温度

在石油化工生产中，操作温度是主要的控制参数之一。各种化学反应和单元操作都有其适宜的温度范围，正确控制操作温度不仅是保证产品的质量，同时也是防火、防爆工作所必需的。如果超温，有可能导致物料分解起火，造成压力升高，甚至导致超压爆炸；也可能因温度过高而产生危险性比较大的副产物。升温过快、过高或冷却设施发生故障，都可能加剧反应，甚至冲料或爆炸。

温度过低会造成反应速度减慢或停滞，温度一旦恢复正常，往往会因为未反应的物料过多而使反应加剧，也会导致爆炸。此外，温度过低还会使某些物料冻结，造成管道堵塞或破裂，致使易燃物料泄漏而引发火灾或爆炸。

因此，正确控制温度是防止火灾、爆炸事故发生的重要手段。在实际生产中，控制温度的措施主要有以下几种：

（1）对于氧化反应、卤化反应、水合反应、综合反应等强放热反应，应根据工艺要求，通过冷却、稀释剂回流、物料循环、正确选择传热介质等方法及时传出反应热，以免因过热而发生爆炸。

（2）设置搅拌装置，防止搅拌中断。必要时可采用双路电源供电，增设人工搅拌等辅助搅拌设施。

（3）根据反应物料的性质、设备的材料、操作温度等正确选择加热或冷却介质，避免使用与反应物料性质相抵触的介质作为冷、热载体。

（4）定期对传热面进行检查，及时清除设备内的沉积物和污垢，防止传热面结垢而发生局部过热或烧穿现象。

2. 控制投料速度和原材料配比

（1）控制投料速度。对于放热反应，应根据设备的传热能力并按照工艺要求控制投料速度。投料速度过快，温度将会急剧升高，导致物料分解、突沸、暴聚，从而导致设备内压升高，发生事故；投料速度过慢，会造成物料积累、过量、反应温度低，当反应温度正常时，便会加剧反应，造成系统温度及压力升高，从而发生事故。

应严格控制催化剂的投料速度和投料量，若投料速度过快或投料过量，常会导致火灾、爆炸事故的发生。

在可燃或易燃物与氧化剂的反应中，要严格控制氧化剂的投料速度和投料量。

在投料过程中，还要特别注意投料的顺序。如果投料顺序出现差错，也会造成异常反应，而且极易造成火灾、爆炸事故。

（2）控制原材料配比。在化工产品的生产过程中，有些配比的原材料的反应在爆炸极限范围附近进行，有些反应在爆炸极限范围内进行。原材料配比稍有差错，极易造成火灾或爆炸。因此，生产中要严格按照工艺设计要求控制原材料配比。对于能形成爆炸性混合物的生产，其原材料配比应严格控制在爆炸极限范围外；如果工艺条件允许，可以添加水蒸气、氮气等惰性气体稀释保护。

3. 控制杂质含量和副反应的发生

由于原材料纯度不合格或者包装不符合要求，或在储运中混入杂质使杂质含量过高，以及反应超温、超压等，极易导致副反应的发生，从而引起火灾、爆炸事故。因此，生产过程中要严格控制原材料中杂质的含量，防止副反应甚至过反应的发生。为此应做到以下几点：

（1）严格执行原材料的分析化验规程，严格按照工艺要求控制原材料的纯度。

（2）严格执行包装的标准化，加强储运管理。

（3）生产工艺上采取不使杂质在反应系统积累的措施。

（4）投料前，要将设备清洗、置换干净。

（5）严格控制操作温度、压力、原材料配比等工艺参数，防止副反应发生及反应速度过快而生成大量的副产物。

（6）对危险性较大的副产物，防止在设备内积累，绝对避免超期、超量储存。

4. 控制操作压力

石油化工生产过程中的操作压力是保证安全生产的又一重要控制参数。操作压力失控，不但影响产品质量，而且极易造成火灾或爆炸。

压力除了与操作状况有关外，还与温度、投料速度、反应速度等因素有关。因此，严格控制操作温度、反应速度、压力上升速度等参数，能有效地防止发生超压事故。操作中还要防止因系统堵塞、外部受热等因素导致设备压力异常升高。对于可能发生超压的生产设备或操作系统，应设置安全泄压装置或抑爆装置，事先制定稳妥有效的控温、控压措施，以便及时进行紧急处置。

五、火灾扑救

1. 火灾扑救常识

根据燃烧的三个条件，可以采取除去可燃物、隔绝助燃物（氧气）、将可燃物冷却到燃点以下温度等灭火措施。

（1）隔离法。是指将火源与其附近的可燃物隔开，中断可燃物质的供给，控制火势蔓延。其具体措施如下：

1）用妥善的方法迅速移去火源附近的可燃、易燃、易爆和助燃物品。

2）封闭着火建筑物的孔洞，堵塞或改变火势蔓延途径。

3）关闭可燃气体、液体的管道阀门，切断可燃物进入燃烧区域的通路。

4）阻堵着火液体流淌。

5）火势严重时，及时拆除与火源毗邻的易燃建筑物，建立隔离带。采取隔离措施时一定要注意自我保护，避免不必要的伤害。

（2）冷却法。是指向火焰中喷入吸热量大的物质，降低温度，减慢燃烧速度。当温度低于可燃物燃点时，燃烧停止。热容量大的固体、液体，特别是蒸发潜热大的液体都可作为冷却物质。最常用的冷却物质是水，此外还有液态卤代烷等。采用水灭火时，应注意与火源保持一定距离，以防止被烧伤。注意以下几种情况的火灾不能用水扑救：

1）遇水燃烧物，如金属钾、钠、碳化钙等。

2）比水轻（密度小于水）且不溶于水的易燃液体，如醇类、酮类、酯类、油品等。

3）与水反应生成有毒或腐蚀性气体的物品，如磷化铝、磷化锌等。

4）未切断电源的电气设备、高温设备。

（3）稀释法。稀释法通过降低燃烧系统中可燃物或助燃物的浓度，可以很好地抑制燃烧。实际操作中，最有效的办法是将对燃烧不活泼的气体充入燃烧系统，以稀释可燃物和助燃物的浓度，如用压缩氮气、二氧化氮灭火等。

（4）窒息法。是指用不燃物或难燃物覆盖、包围燃烧物，阻碍空气或其他助燃物与燃烧物接触，抑制燃烧。采用窒息法的具体措施如下：

1）用不燃或难燃物，如沙土、石粉、石棉布、毯子、湿麻袋、浸水布单（衣）等直接覆盖在燃烧物的表面。

2）将不燃气体灌入容器内，如氮气、水蒸气等。

3）封闭容器孔洞。

4）使用各种灭火剂，如泡沫、二氧化碳、水蒸气等。

2. 几种常见初起火灾的扑救

大多数火灾都是从小到大，由弱到强。在生产中，若能及早地发现和扑救初起火灾，对安全生产有着重要意义。

（1）生产装置初期火灾的扑救。当生产装置发生火灾、爆炸事故时，在现场的操作者应迅速采取以下措施：

1）迅速查清着火部位、着火物及来源，准确关闭有关阀门，切断物料来源及加热源；开启消防设施，进行冷却或隔离；关闭通风装置，防止火势蔓延。

2）对于压力容器内物料泄漏引起的火灾，应切断进料并及时开启泄压阀门，进行紧急排空。为了便于灭火，将物料排入火炬系统或其他安全部位。

3）现场当班人员要及时做出是否停车的决定，并及时向厂调度室报告火灾情况，同时向消防部门报警。

4）发生火灾后，应迅速组织人员对装置采取准确的工艺措施，利用现有的消防设施及灭火器材进行灭火。若火势一时难以扑灭，要采取防止火势蔓延的措施，保护要害部位，转移危险物质。

5）专业消防人员到达火场时，负责人应主动、及时地向消防指挥人员介绍情况。

（2）易燃、可燃液体储罐初起火灾的扑救。对易燃、可燃液体储罐的初起火灾应采取以下措施：

1）储罐起火，马上就有引起爆炸的危险。一旦发现火情，应迅速向消防部门报警，并向厂调度室报告，报警和报告中必须说明罐区的位置、罐的位号及储存物料的情况，以便消防部门及时、迅速赶到火场进行扑救。

2）若着火罐正在进料，应迅速切断进料，并通知送料单位停止送料。

3）若罐区有固定泡沫发生站，则应立即启用。

4）若着火罐为压力容器，应打开喷淋设施做冷却保护，从防止升温、升压而引起爆炸，并打开紧急放空阀进行安全泄压。

5）根据具体情况，做好防止物料流散、火势扩大的措施。

3. 电气火灾的扑救

（1）电气火灾的特点。电气设备着火时，现场很多设备可能是带电的，这时应注意现场周围可能存在的较高的接触电压和跨步电压。同时，还有一些设备着火时是绝缘油在燃烧，如电力变压器、多油开关等，受热后易引起喷油和爆炸事故，使火势扩大。

（2）扑救时的安全措施。扑救电气火灾时应先切断电源。为正确切断电源，应按以下规程进行：

1）火灾发生后，电气设备已失去绝缘性，应用绝缘良好的工具进行操作。

2）选好切断点，非同相电源应在不同部位剪断，以免造成相间短路。剪断部位应选有支撑物的地方，以免电线落地造成短路或触电事故。

3）切断电源时，如需电力等部门配合，应迅速取得联系，及时报告，提出要求。

（3）带电扑救的特殊措施。有时因生产需要或为争取灭火时间，需带电扑救电气火灾，未切断电源扑救时要注意以下几点：

1）带电体与人体应保持一定的安全距离，一般室内应大于4 m，室外应不小于5 m。

2）选用不导电灭火剂（如干粉、二氧化碳等）灭火，灭火器喷嘴与带电体的最小距离应满足：10 kV 以下，大于0.4 m；35 kV 以下，大于0.6 m。对架空线路及空中设备灭火时，人体位置与带电体之间的仰角不能超过45°，以防导线断落伤人。如遇带电导体断落地面时，要划定警戒区，防止跨步电压伤人。

（4）充油设备着火的扑救。充油设备的油品闪点多在13～14℃之间，一旦着火，其危险性较大，应按下列要求进行扑救：

1）如果在设备外部着火，可用二氧化碳、干粉等灭火器灭火；如油箱破坏，出现油燃烧现象，除切断电源外，有事故油坑的，应设法将油导入事故油坑，油坑中和地面上的油火可用泡沫灭火，同时要防止油火进入电缆沟。

2）充油设备灭火时，应先喷射周边，后喷射中心，以免油火蔓延扩大。

（5）人身着火的扑救。人身着火多是由于工作场所发生火灾、爆炸事故或扑救火灾引起的，也有对易燃物使用不当产生明火引起的。当人身着火时，可采取以下措施进行扑救：

1）如衣服着火不能及时扑灭，应迅速脱去衣服，防止烧伤皮肤。若来不及或无法脱去，应立即就地打滚，用身体压住火种，切记不可跑动；否则，风助火势会造成严重后果，有条件用水灭火效果更好。

2）如果身上溅上油类着火，千万不要跑动，在场的人应立即将其按倒，用棉布、青草、棉衣、棉被等覆盖，用水浸湿后效果更好。采用灭火器扑救人身着火时，注意尽可能不要对着面部。在现场抢救烧伤患者时，应特别注意保护烧伤部位，尽可能不要碰破皮肤，以防感染。对大面积烧伤并已休克的伤者，舌头易收缩堵塞咽喉造成窒息，在场人员应将伤者嘴撬开，将舌头拉出，保证呼吸畅通。同时用被褥将伤者轻轻裹起，送往医院救治。

4. 消防设施

（1）消防站。大、中型石油化工企业应设立消防站。消防站是指专门用于消除火灾的专业性机构，拥有相当数量的大型灭火设备及经过严格专业训练的消防队员，可应付各种紧急灭火和救援工作，是消除重大火灾事故的最有力的机构。

消防站的服务范围按行车距离计，不得大于2.5 km，且应确保在接到火警后消防车到达火场的时间不超过5 min。超过服务范围的场所，应建立消防分站或设置其他消防设施，如泡沫灭火器、手提式灭火器等。消防站的规模应根据发生火灾时消防用水量、灭火剂用量、灭火设施的类型（固定式或半固定式）、低压或高压供水及消防协作等因素综合考虑。采用固定式或半固定式消防设施时，消防车辆应按扑救最大火灾需要的用水量及泡沫、干粉等用量进行配备，当消防车超过6辆时应设置一辆指挥车。协作单位可供使用的消防车辆是指邻近企业或城镇消防站接到火警后，20 min 内能到达火场灭火的消防车辆。

特殊情况可向当地的消防队报警，使用专线电话“119”报警时应注意说清楚以下几个问题：

1）火灾发生地点的详细地址。

2）燃烧物的种类及名称。

3）火势程度。

4）火灾发生地有无消防给水设施。

5）报警者姓名、单位。

（2）消防给水设施。消防给水设施是指专门为消防灭火而设置的给水设施，主要有消防给水管道和消火栓两种。

1）消防给水管道。简称消防管道，是一种能保证消防所需用水量的给水管道，一般可与生活用水或生产用水的上水管道合并。消防管道有高压和低压两种，高压消防管道是指在灭火时所需的水压由固定的消防泵产生；低压消防管道是指灭火所需的水压由消防车或人力移动的水泵产生。室外消防管道应采用环形管道，避免单向管道。地下管为闭合系统，水可以在管内朝各方向环流，如管网一段损坏，不至于断水。室内消防管道应有通向室外的支管，并带有消防快速接口，一旦发生故障，可与移动式消防水泵的水龙带连接。

2）消火栓。消火栓可供消防车吸水，也可直接连接水龙带放水灭火，是消防供水的基本设备。消火栓分为室内和室外两类，室外消火栓又分为地上与地下两种。室外消火栓应沿道路设置，距路边不宜小于0.5 m，不得大于2 m，设置地点应便于消防车吸水。室外消火栓的数量应按其保护半径和室外消防用水量确定。室内消火栓的配置应保证两个相邻消火栓的充实水柱能够在建筑物最高、最远处相遇。室内消火栓应设置于明显且易于取用的地点，离地面高度为1.2 m。

（3）化工生产装置区的消防给水设施

1）消防供水竖管。设于框架式结构的露天生产装置区内，竖管在每层平台上均设有接口，就近设有消防水带箱。

2）冷却喷淋设备。对于安装较高的设备宜设置固定喷淋冷却设备，可用喷水头也可用喷淋管。

3）消防水雾。设置于露天安装的生产设备与设备之间、设备与建筑物之间，起到分隔保护、阻止火势扩大的作用。

4）带架水枪。在火灾危险性较大且高度较高的设备四周可设置固定带架水枪，并备移动式带架水枪，以保护重点部位金属不被烧坏。

5. 消防器材

对石油化工企业火灾的扑救，必须根据生产工艺条件，原材料、中间产品、产品的性质，建筑物、构筑物的特点，灭火物质的价值等原则，配置及选择合理的灭火剂和灭火器材。

(1) 灭火剂。常用的灭火剂有水、泡沫灭火剂、干粉灭火剂、卤代烷烃灭火剂、二氧化碳灭火剂等。

1）水。最常用的灭火剂，对火源具有冷却、稀释、冲击等作用。

2）泡沫灭火剂。由两种化学药剂通过化学反应产生的泡沫进行灭火。常用的有化学泡沫灭火剂、蛋白泡沫灭火剂、氟蛋白泡沫灭火剂、水成膜泡沫灭火剂、抗溶性泡沫灭火剂、高倍数泡沫灭火剂、合成泡沫灭火剂等。

3）干粉灭火剂。干粉灭火剂又称粉末灭火剂，是一种干燥的、易流动的微细粉末，借助于一定的压力喷出，以粉雾形式灭火。常用的有钠盐干粉、硅化钠盐干粉、氨基干粉、磷酸盐干粉等。

4）卤代烷烃灭火剂。利用低级烷烃的卤代物具有的灭火作用而制成的灭火剂。常用的有 1211（二氟一氯一溴甲烷）灭火剂、1301（三氟一溴甲烷）灭火剂、CCl_4（四氯化碳）灭火剂等。

5）二氧化碳灭火剂。利用二氧化碳不燃也不助燃的特性制成的灭火剂。二氧化碳灭火剂制造方便，易于液化，便于装罐和储存。

(2) 灭火器材。各类灭火器材的用途、性能和使用方法见表 2—1。

表 2—1 各类灭火器材的用途、性能和使用方法

类型	泡沫灭火器	二氧化碳灭火器	干粉灭火器	1211 灭火器
规格	0.01 立方米、0.065～0.13 立方米	2 千克、2～3 千克、5～7 千克	8 千克、50 千克	1 千克、2 千克、3 千克
用途	扑救固体物质或其他易燃液体火灾，不能扑救忌水和带电设备的火灾	扑救贵重仪器、油类和酸类火灾，不能扑救钠、镁、钾等物质的火灾	扑救石油、石油产品、涂料、有机溶剂、天然气设备的火灾	扑救油类、电气设备、化工纤维料等初期火灾
性能	0.01 立方米的喷射时间为 60 秒、射程为 8 米；0.065～0.13 立方米的喷射时间为 170 秒、射程为 13.5 米	接近着火地点，保持 3 米距离	8 千克的喷射时间为 14～18 秒、射程为 4.5 米；50 千克的喷射时间为 50～55 秒、射程为 6～8 米	1 千克的喷射时间为 6～8 秒、射程为 2～3 米；2 千克的喷射时间大于等于 8 秒、射程大于等于 3.5 米；3 千克的有效喷射时间大于等于 8 秒、射程大于等于 4.0 米
使用方法	倒过来稍加摇动或打开开关，药剂即可喷出	一只手拿着喇叭筒对准火源，另一只手打开开关即可喷出	提起圈环干粉即可喷出	拔下铅封或横销，用力压下压把即可喷出
维护与检查	放在取用方便处，注意使用期限，防止喷嘴堵塞，冬季防冻，夏季防晒，一年检查一次，泡沫低于 4 倍时应换药剂	每月测量一次，当质量小于原质量的 1/10 时应充气	置于干燥通风处，防潮、防晒，一年检查一次，气压、质量减少 1/10 时应充气	置于干燥处，切勿碰撞。每年检查一次质量

第三节 防止中毒

一、有毒物质的来源及分类

1. 石油化工生产中毒物的来源

当某种有害物质进入人体，累积到一定量后，就会与机体组织发生生物化学或生物物理变化，干扰或破坏机体的正常生理功能，引起暂时性或永久性的病理状态，甚至危及生命，通常把这种物质称为有毒物质。石油化工生产中所使用的原材料，如生产甲醛时使用的甲醇；生产过程中的中间体或副产物，如生产苯胺的中间产品硝基苯；生产的最终产品，如农药；生产所用的催化剂，如乙炔法生产氯乙烯所用的催化剂氯化汞；生产过程中的溶剂，如常用的有机溶剂乙醇和丙酮；生产原料和产物所含带的杂质，如合成氨原料气中的一氧化碳和硫化氢等；合成塑料、合成橡胶、合成纤维过程中所用的增塑剂、防老化剂、稳定剂等，多数都是有毒物质。

2. 石油化工生产中毒物的分类

石油化工生产中有毒物质的分类方法很多，主要可按物理形态、中毒性质和作用、化学性质和用途相结合的方法分类。

（1）按物理形态分类，可分为粉尘、烟尘、雾、蒸气和气体。

1）粉尘。是指漂浮于空气中的固体颗粒，直径大于0.1 μm，主要产生于固体物料粉碎、研磨过程，如制造铅丹颜料的铅尘、生产电石的电石尘等。

2）烟尘。是指漂浮于空气中的烟状固体微粒，直径小于0.1 μm，主要是生产过程中产生的金属蒸气等在空气中氧化而成，如金属冶炼时放出的金属蒸气氧化成的氧化锌、氧化铬等。

3）雾。是指悬浮于空气中的微小液滴，多由蒸气冷凝或液体喷散而成，如电镀铬时的铬酸雾、喷漆中的含苯漆雾等。

4）蒸气。散发于空气中的蒸气由液体蒸发或固体升华而成，前者如苯蒸气、汞蒸气等，后者如磷蒸气等。

5）气体。散发于空气中的气态物质有氯气、一氧化碳、硫化氢、二氧化硫等。

（2）按中毒性质和作用分类，可分为以下 9 种：

1）刺激性有毒物质。此类有毒物质直接作用于机体组织会引起组织发炎，如酸的蒸气、氯气、硫化氢及二氧化硫等。

2）窒息性有毒物质。此类有毒物质会引起窒息或化学性窒息而危及健康，如氮气、氢气及一氧化碳等。

3）麻醉性有毒物质。此类有毒物质主要对神经系统有麻醉作用，如醚类、苯胺等。

4）溶血性有毒物质。此类有毒物质有溶血作用，可引起血红蛋白变性、溶血性贫血，如苯、二甲苯胺、硝基苯等。

5）腐蚀性有毒物质。此类有毒物质有腐蚀作用，可引起呼吸道腐蚀病变，如重铬酸盐、硝酸、五氧化二磷等。

6）致敏性有毒物质。此类有毒物质有致敏作用，可引起过敏性皮炎、过敏性哮喘，如镍盐、碘蒸气等。

7）致癌性有毒物质。此类有毒物质有致癌作用，如联苯胺、氯乙烯等。

8）致畸性有毒物质。长期接触此类有毒物质可以引起机体畸形，或作用于母体引起胎儿畸形，如甲基苯、多氮联苯、有机磷农药等。

9）致突变性有毒物质。此类有毒物质能导致生物体细胞的遗传信息和遗传物质发生突变，使遗传变异。

（3）按化学性质和用途相结合的方法分类，可分为以下 8 种：

1）金属、类金属及其化合物。这是有毒物质元素中最多的一类，如铅、铬、锌等。

2）卤族及其无机化合物。如氟、氯、碘等。

3）强酸和碱性物质。如硫酸、硝酸、氢氧化钠、碳酸钠等。

4）氧、氮、碳的无机化合物。如臭氧、二氧化氮、一氧化碳等。

5）惰性气体。如氮气、氦气等。

6）有机有毒物质。包括脂肪烃类、芳香烃类、卤代烃、氨基和硝基化合物等。

7）农药类。包括有机氯、有机磷、有机硫等。

8）染料及中间体、合成高分子物质。

二、中毒危害

由有毒物质侵入人体引起的疾病称为中毒。在石油化工生产过程中，由于接触化学毒物引起的中毒称为职业中毒。中毒的途径为通过呼吸道、皮肤与黏膜以及消化道进入人体。

1. 急性中毒对人体的危害

急性中毒是指大量毒物迅速作用于人体后所发生的病变，有毒物质不同造成的危害也不同。

（1）对呼吸系统的危害。人体吸入刺激性气体、有害蒸气、烟雾和粉尘等有毒物质后会引起窒息、呼吸道炎症和肺水肿等病症。

（2）对神经系统的危害。如四乙基铅、有机汞化合物、苯、二硫化碳、环氧乙烷、甲醇及有机磷农药等，作用于人体会引起中毒性脑病、中毒性周围神经炎和神经衰弱症。使人出现头晕、头痛、乏力、恶心、呕吐、嗜睡、视力模糊、幻觉、视觉障碍、复视，或出现植物性神经失调及不同程度的意识障碍、昏迷、抽搐等，甚至出现精神分裂、狂躁、忧郁等症。

（3）对血液系统的危害。如苯、硝基苯等，作用于人体可导致白细胞数量变化、高血红蛋白和溶血性贫血。

（4）对泌尿系统的危害。如汞、四氯化碳等，作用于人体可引起急性肾小球坏死，造成肾损坏。

（5）对循环系统的危害。如锑、砷、有机汞农药、汽油、苯等，均可引起心律失常等心脏病症。

（6）对消化系统的危害。如经口进入的汞、砷、铅等中毒，均会引起严重恶心、呕吐、腹痛、腹泻等症；硝基苯、三硝基甲苯等会引起中毒性肝炎。

（7）对皮肤的危害。如二硫化碳、苯、硝基苯等，刺激皮肤造成皮炎、湿疹、痤疮、毛囊炎、溃疡、皮肤干裂等。

（8）对眼睛的危害。化学物质接触眼部或飞溅入眼部，可造成色素沉着、过敏反应、刺激炎症、腐蚀灼伤等。

2. 慢性中毒对人体的危害

慢性中毒的有毒物质作用于人体的速度缓慢，要经过较长的时间才会发生病变；或长期接触少量有毒物质，有毒物质在人体内积累到一定程度后引起病变。慢性中毒一般潜伏期比较长，发病缓慢，容易被忽视。由于慢性中毒病理变化缓慢，往往在短期内很难治愈。因此，防止慢性中毒和防治急性中毒一样，是石油化工生产劳动保护职业中毒管理中十分重要的内容。慢性中毒中，不同的有毒物质的毒性不同，造成的危害也不同。常见的慢性中毒引起的病症有中毒性脑脊髓损坏、神经衰弱、精神障碍、贫血、中毒性肝炎、肾衰、支气管炎、心血管病变、癌症、畸形、基因突变等。

三、防毒措施

1. 以无毒、低毒物料代替高毒物料

为了减少职业中毒的机会，生产过程中使用的原材料应尽量采用无毒、低毒的物质，这是解决问题的根本方法，但实际操作时有较大的难度。

2. 改革工艺

改革生产工艺和操作方法是重要的防毒措施之一。例如，氯盐生产中以隔膜和离子膜 水汞电解，以消除汞的危害；氯乙

避免了使用汞盐催化剂。这些措施

果题之一。

，使有毒物质无法散发出来造成

措施之一。生产过程的密闭性包括

包装等生产过程中各环节的密

管道、压风机；液体的输送和投

机械投料，并设置锁气装置，以

以采用真空法等。

4. 隔离操作和自动控制

将操作室与生产设备隔离开，也是防止毒害的有效措施之一。目前常用的隔离方法有两种：一是将有毒有害的设备隔离在室内，采用排风的方法，使室内呈负压，避免有毒物质逸出；二是将操作放在隔离室内，采用送新鲜空气的方法，使室内呈正压，防止有毒物质侵入。采用先进的自动化控制可以最大限度地减少操作人员与有毒有害设备和环境的直接接触，是实现隔离的最好方式。

5. 通风排毒措施

通风是一种利用空气流排除或稀释空气中有毒物质，以保护操作环境免受污染的方法。

（1）局部送风。局部送风是指把新鲜空气直接送入操作人员的呼吸带。由于新鲜空气中很快会混入周围的有毒空气，因此，局部送风用于防毒不是很好的场合，有条件的情况下尽量不采用此法。

（2）局部排风。局部排风是指把有毒气体直接从发生源抽出去，使操作环境中有毒物质的浓度降低，使其达到卫生标准要求。局部排风系统包括排风罩、管道、风机、排气烟囱等，排风罩要尽可能靠近毒气发生源。局部排风排毒效果较好，最为常用。但对于有毒气体发生源十分分散的环境，采用局部排风效果将会降低。

（3）全面通风。全面通风是指用大量新鲜空气将操作环境中的有毒气体冲淡稀释，使其达到卫生标准要求。全面通风多以排风为主，一般只适用于低毒有害气体及其散发量不大的情况。通常与局部排风结合使用，效果不错。

6. 个人防护措施

个人防护也是防毒的重要措施之一，一般分为皮肤防护和呼吸防护两大类。

（1）皮肤防护。主要是防止有毒物质从皮肤侵入人体。通常是穿戴具有不同性能的工作服、工作鞋、防护镜等。对于必须裸露的皮肤（如脸、手），应根据所接触的不同物质的性质，使用相应的保护油膏或清洁剂。

（2）呼吸防护。主要是防止毒物从呼吸道侵入人体。通常有过滤式防毒呼吸器、隔离式防毒呼吸器等。

7．净化回收措施

（1）燃烧法。对于可燃或在高温下能分解的有毒有害气体，可采用燃烧法净化。一般可用于有机溶剂蒸气和烃类的净化处理。

（2）冷凝法。对于蒸气状态的有毒有害物质，可采用冷凝法进行回收。一般用于回收空气中的有机溶剂蒸气，通常在燃烧、吸附等净化前使用。

（3）吸收法。对于能溶解于某种液体的有毒有害气体，可采用吸收法回收。

（4）吸附法。对于空气中低浓度的有毒有害物质，可以采用吸附的方法进行净化。吸附剂应选用具有巨大内表面、良好的选择性、良好的再生能力、一定的耐磨强度、成本低廉的物质，常用的吸附剂有活性炭、分子筛、硅胶、高分子复合吸附剂等。

四、中毒急救

1．中毒急救原则与要领

（1）安全进入现场。救护人员必须做好自我防护，如穿防护服、戴防毒面具或氧气呼吸器等，才能进入毒物污染现场进行救护；否则，非但救不了人，自己也会中毒。

（2）迅速抢救生命。救护人员进入现场后，应迅速将中毒者撤出毒物污染区，移至空气新鲜、通风良好的地方，使其仰卧平躺，解开衣领、裤带，使中毒者头后仰保持呼吸道通畅，然后开始实施急救。

（3）设法切断毒源。救护人员进入有毒物质污染现场后，应尽快找到有毒物质泄漏点，关闭管道阀门，停止送料泵或压缩机，开启排风机等。

（4）彻底清理污染。人员脱离污染现场后，应立即脱去受污染的衣服、帽子、袜子等，然后用大量清水（解毒液更好）彻底冲洗被污染的皮肤、毛发甚至指甲缝等。

（5）尽快送医院治疗。对中毒者进行现场初步抢救后，应尽快送医院进行全面治疗。

2. 中毒现场急救的一般方法

（1）呼吸道中毒的现场急救。对于由呼吸道吸入引起中毒的急救，应首先保持呼吸道通畅，让中毒者头后仰平躺，解开其衣领、裤带。心脏停搏的应立即实施复苏术；呼吸停止的，应立即实施呼吸复苏术。为了防止喉头发生水肿，有条件的可采用2%碳酸氢钠、10%异丙肾上腺素、1%麻黄素溶液雾化吸入。

（2）急性皮肤中毒的现场急救。由于皮肤吸收毒物或由于腐蚀造成皮肤灼伤的，应立即脱去受污染的衣服，用大量清水冲洗，禁止用热水冲洗，冲洗时间应不少于15 min，冲洗越早、越彻底越好。冲洗后再用肥皂水洗净，然后敷涂中和毒物的液体或保护性药膏。

（3）误服吞咽中毒的现场急救。首先要反复漱口，除去口腔内的有毒物质。然后采取催吐（用手指或金属勺柄刺激舌根咽部）、洗胃（大量饮入清水、生理盐水，再吐出）、清泻（服入大剂量泻药）、药物解毒（口服解毒药物）的方法进行救护。需要特别提醒的是，对于误服强酸、强碱等腐蚀品及汽油、煤油等有机溶剂的情况，禁用或慎用催吐的方法。

第四节　电 气 安 全

电气安全是指电气产品的质量及其安装、使用、维修过程中不发生任何事故。电气安全主要包括人身安全与设备安全两个方面。人身安全是指人在从事电气工作过程中的安全；设备安全是指电气设备及相关设备、建筑的安全。电气事故是电能失控造成的事故，人身触电伤残、死亡，设备、建筑损坏，电气火灾、电气爆炸等事故都属于电气事故。为了做好电气安全工作，必须采取包括技术和组织管理等多方面的措施。随着科技的进步，各国都在积极研究并不断推出先进的电气安全技术，完善和修订电气安全技术标准和规程，这对于保护劳动者的安全与健康，保护电气设备的安全都是十分重要的。

一、触电事故

每个人都有自我保护意识，会躲避能够感知到的危险，如躲避靠近的汽车，远离烧红的金属等。但是，人体在触电之前，电不是立即作用于人体的感觉器官，所以，在绝大多数情况下，人是不会预感到即将出现的触电危险。因此，与其他危险相比，电对人体的伤害非常突然。对电气工作者而言，触电事故发生的突然性与难以预先感知性是最危险的。

1. 电击与电伤

触电事故是电流直接或间接对人体造成的伤害，包括电击和电伤。

（1）电击。电击是指电流通过人体造成人体内部的伤害，通常不会在人体表面留下大面积的明显伤痕。其主要伤害部位是中枢神经系统、肺部和心脏。人体受到电流冲击时，会出现痉挛、呼吸窒息、心搏骤停等症状，严重时会造成死亡。因此，电击事故是最危险的触电事故。电击通常包括以下四种情况：

1）高压电击。是指发生在 1 000 伏以上的高压电气设备上的电击事故。

2）单线电击。又称低压单相电击，主要发生在 220 伏（对地电压）和 380 伏（两相间电压）的低压设备上，这类事故在潮湿的环境中更容易出现。

3）双线电击。又称低压两相电击，是指人体不同部位同时触及对地电压不同的两相带电体造成的电击，这类事故不易发生，一旦发生，其危险性比单相电击高。常出现于工作中操作不慎的场合。

4）跨步电压电击。

（2）电伤。电伤主要是电流对人体外部造成的局部伤害，并且在人体表面留有明显的伤痕，如电烧伤、电烙印、皮肤电气金属化

（人体触电部位受到金属微粒的浸润而形成金属化的皮肤）、机械损伤（皮肤、血管、神经组织的破裂等症状）等。

2. 电流对人体的作用

触电事故发生时，对人体致命的因素是通过人体的电流，而不是电压。电流对人体的作用受电流大小、通电时间、电流种类、电流途径及人体状况等因素的影响。

（1）电流大小。电流大小是指作用于人体的电流值的大小。电流越大，人体在电流作用下受到的伤害越大。男性平均工频感知电流是1.1毫安，女性是0.7毫安。男性的平均工频摆脱电流是16毫安，女性是10.5毫安。

（2）通电时间。通电时间是指电流通过人体的持续时间。通电时间是影响电击伤害程度的又一重要因素。电流通过人体的时间越长，人体的电阻就越低，电击的危险性越大。

（3）电流种类。电流种类对电击伤害程度有很大影响。在各种不同的电流频率中，工频电流对人体的伤害高于直流电流和高频电流。

（4）电流途径。电流通过人体的途径不同，对人体的伤害也不同。电流纵向通过人体比横向通过人体对人体的危险性大。

（5）人体状况。人体电阻对电击伤害程度有很大影响。人体皮肤的电阻越小，电流作用于人体的危害越大，并且电击对女性及儿童造成的危害更大。心脏病、神经系统疾病、结核病等严重疾病患者或者体弱多病者受电击伤害程度更严重。

3. 触电事故管理

触电事故既可能由局部原因造成，也可能由系统性原因造成。触电事故发生后必须进行详细调查，仔细分析事故发生的原因。对触电事故进行分类和统计，找出事故规律；对触电人员必须及时采取相应的急救措施。触电事故调查应具有科学性，要本着情况真实、全面而详尽，提法清楚而准确的原则进行。调查内容包括事故过程、人员情况、电气参数、设备情况、环境条件、受害人伤势及主要救护过程、事故损失等。

4. 触电防护技术

防止触电的措施有安全电压、绝缘、屏护、间距、载流量、接地与接零、漏电保护、电工安全用具、安全制度等。

（1）安全电压。安全电压（安全低电压）是指人体与电接触时，对人体各部位组织（如皮肤、心脏、呼吸器官和神经系统等）不会造成任何损害的电压。安全电压值等于人体允许电流与人体电阻的乘积。我国规定在电源装置及回路配置均符合安全要求的前提下，安全电压的工频有效值不超过 50 伏，直流不超过 120 伏。

（2）绝缘。为了避免发生短路、触电等事故，需用绝缘材料将带电体封闭起来，以避免与其他带电体或人体等接触。绝缘方法一般有气体绝缘、液体绝缘、固体绝缘三种。

（3）屏护。屏护是借助屏障物防止触及带电体的措施。屏护装置包括遮栏和障碍，主要用于电气设备不便绝缘或绝缘不足以保证安全的情况。

（4）间距。间距是指在带电体与地面之间、带电体与带电体之间、带电体与其他设施和设备之间保持一定的安全距离，包括线路间距、变（配）电设备间距、用电设备间距和检修间距。间距的大小与电压的高低、设备类型、环境条件和安装方式等因素有关。

（5）载流量。载流量是指在规定条件下，导电体能够连续承载而不致使其稳定温度超过规定值的最大电流。一旦电流超过了安全载流量，会导致绝缘损坏而引起漏电，甚至引起火灾。

（6）接地与接零。接地与接零是防止触电的重要安全措施。

1）接地。接地是指将设备或者线路的某一部分通过接地装置与大地连接。它包括临时接地与固定接地。

2）接零。接零是指将电气设备正常时不带电的部分（如金属机壳等）与电网的零线（中性线）连接，即保护接零。保护接零一般用于低压中性点直接接地（工作接地）、电压 380/220 V 的三相四线制电网中。

(7) 漏电保护。漏电保护装置是指用于防止直接接触电击和间接接触电击、防止漏电火灾、监测接地或者绝缘损坏事故的装置，包括电压型、零序电流型、中性点型和泄漏电流型等几大类。漏电保护装置的主要动作参数是动作电压、动作电流和动作时间。

(8) 电工安全用具。电工安全用具包括绝缘安全用具（如绝缘杆与绝缘夹钳、绝缘手套与绝缘靴、绝缘垫与绝缘站台）、登高作业安全用具（如脚扣、安全带、梯子、高凳等）、携带式电压和电流指示器、临时接地线、遮栏、标志牌（颜色标志和图形标志）等。绝缘杆主要用于操作高压绝缘开关、跌落式熔断器，安装和拆卸临时接地线等。绝缘夹钳主要用于拆卸和安装熔断器等。绝缘手套与绝缘靴一般作为辅助安全用具使用，绝缘手套可作为低压工作的基本安全用具，绝缘靴可作为防止跨步电压的基本安全用具。绝缘垫用橡胶制成，绝缘站台用木材制成，两者均作为辅助安全用具使用。携带式电压指示器又称验电器或试电笔，用于验明导体是否带电。携带式电流指示器又称钳形电流表，用于不断开导线测量线路电流。电压指示器和电流指示器均有高压、低压之分。临时接地线用于防止突然来电的危险。遮栏用于将带电体与操作人员隔离。标志牌用于告诫相关人员需注意的关键问题。

(9) 安全制度。安全制度是保护操作人员安全健康的重要措施。主要的安全制度有工作票制度、工作监护制度、停电安全技术措施、低压带电检修等。

5. 触电急救

触电事故发生后，如果触电者不能自行摆脱带电体，现场其他人员必须尽快地在保证自身安全的条件下帮助触电者迅速脱离电源，这是实施其他急救措施的前提。注意，在帮助触电者脱离电源时，需要防止触电者可能出现的坠落摔伤，要保护触电者的安全。对于低压触电事故，可采用拉开开关或拔出插头、用绝缘工具切断或挑开电线、经绝缘物拉开触电者等方法。常用的绝缘物有木把利器（刀、斧、锹等）、木棍、木板、竹竿等。对于高压触电事故，可采用尽快通知供电部门停电；佩戴安全用具，按要求拉开开关；强迫短路，造成掉闸停电等措施。

二、电气防火防爆安全技术

火灾和爆炸是电气灾害的主要形式之一。对于电气线路、电力变压器、开关设备、插座、电动机、电焊机、电炉等电气设备，若设计不合理，安装、运行、维修不当，均有可能造成电气火灾和爆炸。电气线路短路、过载、接触不良，电气设备铁芯过热、散热不良等因素，均有可能导致电气线路或者电气设备过热，从而产生危险温度。

电火花具有很高的温度，更是非常危险的引燃源。对石油化工企业而言，生产过程中的原料、中间产物、成品及大量的辅助材料大多具有高温、多尘、易燃、易爆、易挥发、有毒、有腐蚀性等特性，这些物质泄漏于空气中，对人体和环境都有很大的危害。石油化工企业一旦发生电气火灾和爆炸，不仅可能造成人员的伤亡，设备、设施的损坏及污染环境，还可能造成停产、停电，产生重大经济损失，其后果难以估量。因此，防爆电气设备在石油化工企业中得到广泛应用。

电气防火防爆安全技术是综合技术，包括电气设备和电气线路的选型、电气设备安全运行、接地与接零等内容。

1. 电气设备的选型

防爆电气设备的选用应从实际情况出发，根据爆炸危险场所的类别、等级和电火花形成的条件，结合爆炸性混合物的危险性，选择合适的电气设备，基本原则是安全可靠、经济合理。一般情况下，防爆电气设备适用的级别和组别应不低于场所内爆炸性混合物的级别和组别；当场所内有两种或两种以上的爆炸性混合物时，应按危险程度高的级别和组别选用。

电气设备选型的一般要求如下：在爆炸危险场所，应尽量少用携带式电气设备，少用插座；电气设备和电气线路的配置要利于防潮、防腐、防风沙、防雷雨和防止机械损伤，并应安置于爆炸危险性较小的部位；宜将有危险的电气设备和电气线路安装于危险场所之外；选用的防爆型电气设备的级别、组别应与所处环境爆炸混合物的级别、组别相适应。在粉尘和纤维爆炸危险场所，电气设备表面温度不得超过125℃，或者低于爆炸混合物的引燃温度75℃，或者低于爆炸混合物引燃温度的2/3。在火灾危险场所不应使用电热器；应使正常运行时有火花和温度较高的电气设备远离可燃物质。

2. 防爆电气线路的选用

在爆炸危险场所使用的电缆和导线的额定电压不得低于500伏。1 000伏及以下者，电缆和导线的长期载流量应不小于电动机额定电流的125%；1 000伏以上者，需按短路电流校验。防爆电气线路应采用三相五线制和单相三线制线路，工作零线与相线均应绝缘，且有短路保护，并装于同一护套或管内，禁止使用绝缘导线明设线路。引入防爆充油型设备的线路应采用耐油型导线。

除照明线路外，主电气线路均不得有接头，照明线路的接头应采用钎焊、熔焊或压接，并使用防爆型接线盒。严禁电气线路跨越爆炸危险场所，其间水平距离应不小于杆塔高度的1.5倍。

石油化工企业中使用电气设备还应注意以下问题：在火灾爆炸危险场所内，应尽量少用携带式电气设备；长期不用或很少接通的电气设备应与电源完全切断；不允许在爆炸危险区修理带电的电气设备和线路；没有查明和排除电气装置跳闸原因的情况下，不许开动自动切断的电气装置；电气设备不许超载使用；不许随使用非防爆电气设备代替防爆电气设备，防爆电气设备之间也不许随便代替。

在火灾危险场所使用的电缆和导线的额定电压同样不得低于500伏。使用铝线时，铝线截面积不得小于2.5平方毫米，并且应有可靠的连接和封端。露天裸线应有防雨、防雪措施。架空线路不得跨越火灾危险场所，其间水平距离应不小于杆塔高度的1.5倍。火灾危险场所可采用非铠装电缆，绝缘线穿钢管敷设或者使用橡套电缆。

变（配）电所与爆炸危险场所建筑物、堆物的距离应大于事故情况下混合物爆炸危险浓度可能达到的距离。变（配）电装置不得设在易沉积可燃粉尘和纤维等爆炸危险物质处。10 千伏及以下变电所与各级爆炸危险场所、配电所毗邻时，最多只能有三面相邻的墙与危险场所共用。允许配电所通过走廊或套间与火灾危险场所相通，但走廊或套间的门应用非燃材料制成，并有自动关闭装置。1 千伏及以下的配电所可通过用难燃烧材料制成的、有自动关闭装置的门与火灾危险场所相通。变（配）电所与爆炸危险场所或火灾危险场所毗邻时，隔墙应由非燃烧材料制成。毗邻变（配）电所的门、窗应向外开启，并通向无爆炸、无火灾危险场所。

在爆炸危险场所，应根据低压配电网运行方式采取接地或接零措施。工作零线不得用作专用接地线或接零线。电气设备应当专设接地线或接零线；穿线的金属管、电缆的金属包皮、其他金属管道和建筑物的金属构架只能作为辅助接地线和接零线；与相线敷设在同一钢管内的接地线和接零线的额定电压应与相线相同。

在爆炸危险场所，如采用变压器低压中性点直接接地的保护接零系统，单相短路电流应大于熔断器熔体额定电流的 5 倍，或大于自动开关瞬时或延时过电流脱扣器整定电流的 1.5 倍，并应装设单相接地故障的自动切断装置。

三、静电安全

1. 静电的产生及其原因

产生的静电物质是由分子组成的，分子是由原子组成的，原子则由带正电荷的原子核和带负电荷的电子构成。原子核所带正电荷数与电子所带负电荷数之和为零，因此物质呈中性。如果原子由于某种原因获得或者失去部分电子，那么原来的电中性被打破，而使物质呈现电性。如果所获得的电子没有丢失的机会或者丢失的电子得不到补充，就会使该物质长期保持电性，通常称该物质带上了“静电”。因此，静电是指附着在物体上很难移动的集团电荷。

静电的产生是一个十分复杂的过程，它既由物质本身的内因决定，又与很多外界因素有关，工作场所中常见的静电主要与外界因素有关，其产生原因如下：

（1）紧密接触与分离。接触分离带电是许多物质带电的重要现象，此外，还有撕裂、剥离、拉伸、加捻、撞击带电等。静电能量就是通过紧密接触与迅速分离的过程将外部能量转变为静电能量，并储存于物体之间。如液体流动带电、喷射带电、沉降带电等。

（2）附着带电。某种极性离子或自由电子附着在绝缘物体上，也能使该物体带有静电。物体获得电荷的多少取决于物体的对地电容及周围条件。

（3）感应起电。带电的物体能使附近与它并不相连接的另一物体表面的某个部位出现极性相反的电荷现象，即物体电场作用于中性导体时，该导体的自由电子受到电场力的作用，将逆着外电场的方向移向导体的一端，另一端显正电，这种现象称为静电感应起电。在生产中，带电物体能使附近不相连导体（如金属零件和导管等）表面的不同部位出现正、负电荷，即感应起电。

（4）极化起电。绝缘体在静电场内，其内部或表面的分子能产生极化而出现电荷的现象称为静电极化作用。例如，在绝缘容器内盛装带有静电的物体时，容器的外壁也具有带电性。

2. 静电危害及灾害

静电的电位一般是较高的，例如，人体在穿脱衣服时常可产生1万多伏的电压，但其总的能量是很小的，在生产和生活中产生的静电虽可使人受到电击，但不会直接危及人的生命。静电的危害大体上有使人体受电击、影响产品质量及引起火灾和爆炸三个方面，其中以引起火灾爆炸最为严重，可以导致人员伤亡和财产损失，如油罐车装油时爆炸、用汽油擦地时着火等。因此，在有汽油、苯、氢气等易燃物质的场所要特别注意防止静电危害。

（1）使人体受电击。在石油化工生产中，经常与移动的带电材料接触者会在体表产生静电积累，当其与接地设备接触时，会产生静电放电，不同等级的放电能量会对人体产生不同程度的刺激。静电虽不能直接致人伤亡，但是会造成工作人员的精神紧张，并可能因此产生坠落、摔倒等二次事故，其产生的连带后果不可预知。

（2）影响产品质量。静电妨碍了生产工艺过程的正常运行，导致废品的产生，会降低操作速度和设备的生产效率，干扰自控设备和无线电设备的电子仪器正常工作。例如，在人造纤维工业中使纤维缠结；在印刷行业中使纸张不易整齐；在微电子行业中使集成电路击穿损坏等。

（3）引起火灾和爆炸。在石油化工生产中，高压气体的喷泄带电、液体摩擦搅拌带电、液体物料输送带电、粉状物料输送带电等，均有可能因产生静电而导致火灾和爆炸事故的发生。另外，人体带电同样可以引起火灾和爆炸事故。

3．静电控制

从静电引起的故障和灾害可以看出，静电最为严重的危害是引起火灾和爆炸。因此，在工业生产中必须采取一些有效的措施来消除静电的危害。

消除静电的主要途径有四条，一是加速静电释放；二是静电中和；三是控制工艺过程，限制静电的产生；四是人体静电的消除。

（1）静电释放法

1）接地。接地是消除静电灾害最简单、最常用的方法。接地主要用来消除导体上的静电。为了防止静电火花造成事故，应采取以下接地措施：

①凡是用于加工、储存、运输各种易燃易爆气体、液体的设备都必须接地，如混合气、储存罐、运输装置等。

②氧气、乙炔等管道必须连接成一个整体并接地，其他的设备如储运设备、压缩机等，特别是局部排风空气管道也都必须连接成

整体并接地。

③注油漏斗、工作站台、金属检尺等辅助设备均应接地，容积大于 50 米^3、直径在 2.5 米以上的立式罐应接地。

④移动设备，如槽车、罐车、油轮等要在安全场所装设专用的接地接头，当槽车、罐车、油轮到位后，在打开罐前应先接地，注完油后经一段时间的静止才能把接地线拆除。

2）增湿。随着湿度的增加，绝缘体表面会结成薄薄的水膜，使其表面电阻大为降低，从而加速静电的释放。在产生静电的生产场所可安装空调设备、喷雾器或挂湿片，以提高空气的湿度，降低或消除静电的危险。此外，增湿还能提高爆炸性混合物的最小引燃能量，这样有利于安全。

3）抗静电剂。抗静电剂又称抗静电添加剂，它具有较好的导电性或较强的吸湿性。因此，在容易产生静电的高绝缘材料中加入抗静电剂后，能降低材料的体积电阻或表面电阻，加速静电释放，消除静电危害。但是，应注意防止某些抗静电剂的毒性和腐蚀性所造成的危害。

（2）静电中和法

1）静电消除器。静电消除器是指将气体分子进行电离，从而产生消除静电所必要的离子的装置，是防止绝缘体带电的有效设备。当带电体的附近安装静电消除器时，静电消除器产生的与带电物体极性相反的离子便向带电物体移动，并与带电物体的电荷进行中和，从而达到消除静电的目的。

2）感应静电消除器。物料上的静电在该消除器上感应出相反的电荷，并在附近形成电场。在这个强电场作用下，正、负离子向两个方向移动，从而把生产物料上的静电电荷中和。

3）外接电源式静电消除器。利用高电压在放电针附近造成的强电场，在该电场的作用下，与带静电体电荷相反的离子移向带静电体，将其静电电荷中和。

4）放射性静电消除器。利用放射性同位素镭、钋等同位素放射的 α 射线，锶、氪等同位素放射的 β 射线，使空气电离产生正离子和负离子，中和生产物料上的静电。

5）离子流静电消除器。是指将电离后的空气输送到较远的地方去消除静电的一种消除器。

6）组合式静电消除器。兼具以上消除器的优点，故有很好的消静电效果。

（3）工艺控制法。工艺控制是指从工艺上采取相应的措施，用以限制及避免静电的产生和积聚，是消除静电危害的重要手段。常用的几种工艺控制措施如下：

1）控制流速。降低流速便降低了摩擦的程度，可以减少静电的产生。

2）控制加油方式。为避免液体在容器内喷溅和冲击，应从底部注油或将注油管延伸至接近容器底部。

3）加快静电电荷的逸散。在产生静电的任何工艺过程中总是包含静电的产生和逸散。逸散是指电荷从介质材料上泄漏或松弛而逸散。在工艺过程中，可以采取以下措施加速电荷的逸散：

①静止一段时间。经输油管注入储罐的液体带入一定量的静电荷，依据同性相斥的原理，液体内的电荷将向器壁、液面集中并泄入大地，此过程需一定时间。因此，石油化工产品送入储罐后，应静止一段时间再进行检尺、采样等工作。

②利用缓和器“缓和”一段时间。带电的液体或粉状物料通过管道进入储罐前，先进入在管道末端加装的缓和器内“缓和”一段时间，可使大部分电荷在这段时间内逸散。

（4）消除产生静电的附加源。静电的附加源是指下述几种情况：液流的喷溅、容器底部积水受到注入流的搅溅、液体中夹入空气或气泡、粉仓内的冲击等。采取以下措施可减少静电的产生。

1）避免油水、空气混合及不同油品相互混合。

2）清除杂质，油罐或管道内混有杂质时能产生较多的静电。

3）清除过滤器中的静电。

4）作业中，严禁使用金属器具采样或检尺。

5）输送固体、粉体使用的传送带、料斗、容器等应采用导电材料，并进行良好的接地。

6）输送氢、乙炔、丙烷、煤气和氯等气体不宜使用橡胶管，应采用接地金属管。

（5）人体静电的消除。人体静电的消除可利用接地、穿防静电鞋、穿防静电工作服等具体措施，以减少静电在人体上的积累。在人体必须接地的场所，应设金属接地棒，赤手接触接地棒即可导出人体静电。此外，用洒水的方法使混凝土地面、胶合板湿润，使橡胶、树脂及黏合面形成水膜，增加其导电性。在静电的危险场所不得携带与工作无关的金属物品。

第五节　设备检修作业安全

一、检修的准备工作

做好检修前的准备工作是石油化工安全检修的一个重要环节。在石油化工企业中，不论大修、中修、小修，都必须集中指挥、统筹安排、统一调度、严格纪律，坚决贯彻执行各项制度，认真操作，保证质量，加强现场的监督和检查，杜绝各类事故的发生。为此，必须建立健全的检修指挥机构，负责检修项目的落实、物资准备、施工准备、人员准备和开停车、置换方案的拟订工作。

检修指挥机构中要设立安全组，各级安全员与各级安全负责人及安全组要构成联络网。计划外检修和日常维护，也必须指定专人负责，办理申请、审批手续，指定安全负责人。在检修指挥机构的领导下，通过层层落实、层层负责，调动各部门、发动全员共同做好检修安全工作。这样从厂到车间、到班组就形成了一个安全管理体系，保证安全检修。

检修的技术准备包括施工项目、内容的审定；施工方案和停、开车方案的制定；计划进度的制订；施工图表的绘制；施工部门和施工任务以及施工安全措施的落实等。

检修的材料准备指根据检修项目、内容和要求，准备好检修所需的材料、附件和设备，并严格检查是否合格，不合格的严禁使用。

为了保证检修的安全，检修前必须准备好安全及消防用具，如安全帽、安全带、防毒面具、脚手架以及测氧、测爆、测毒等分析化验仪器和消防器材、消防设施等。消防器材及设施应指定专人负责。检修中还必须保证消防用水的供应。

二、检修作业安全

1. 抽堵盲板

凡需要检修的设备，必须和运行系统进行可靠隔离，这是石油化工检修必须遵循的安全规定。检修设备和运行系统隔离的最好办法就是装设盲板。

抽堵盲板属危险作业，应办理作业许可证和审批手续，并指定专人制订作业方案和检查落实相应的安全措施。作业前安全负责人应带领操作、监护人员查看现场，交代作业程序和安全事项。

盲板选材要适宜，应平整、光滑，无裂纹和孔洞。盲板大小应根据管道法兰密封面大小制作，厚度应符合强度要求。一般盲板应有一个或两个手柄，便于辨识和抽堵。抽堵多个盲板时，应统一指挥。严禁在一条管路上同时进行两处或两处以上抽堵盲板作业。

2. 排放作业安全

含硫化氢等毒性大或者会严重污染环境、不易净化处理的污水，要专门收集处理，建立跟踪管理系统。

收集排放污水作业要注意做到如下几点：避免高温排放污水；避免在排放污水的同时，又排放蒸汽或高温水；密封排放污水管线的污水井盖，实现密闭排放；在排放现场设定监护人员；实施排放下游防毒监测，采取必要的安全措施；在排放现场设置安全警示标志，如要求进入现场，人员必须戴防毒口罩、呼吸器等。

通过排空管进行物料放空作业要注意以下几点：不带液排放；不在雷雨天气排放可燃气体；确保缓慢排放；检查确认排放点周围无高温、无动火作业，排放管防静电接线应良好。

容器脱水作业时，若是刚进料，要先静止后脱水，避免物料被排出。脱水时，一要检查并打开压力平衡阀放空；二要检查、监控出入口和容器壁温度变化情况，发现硫化亚铁高热、自燃的情况，应及时降温、增湿、淋水；三要检查确认容器防静电接地。

部分换冷、加热、储存等设备，在排出高温介质后，设备降温速率会加大。针对这种情况，要先拧松设备地脚螺栓等连接部件，以防设备收缩，产生内应力，产生裂纹。

3. 进退物料作业安全

进入蒸汽作业，要先进少量蒸汽，预热管线、设备，过程中要注意脱水，渐渐加大进气量，平稳升温升压。蒸汽进入容器前，要先检查确认容器内没有低沸点物料，避免汽化造成容器内超压变形或爆炸。物料进、出系统作业，要反复确认流程的正确性，要防止进料对管线、设备的冲击；要打开放空阀，防止管线负压。

进入油料作业时，要严格控制油温，严禁容器内带水，避免水温高汽化使压力上升，最终导致爆炸。

4. 置换与中和

为保证检修工作和罐内作业的安全，设备检修前内部的易燃、易爆、有毒气体应进行置换，酸、碱等腐蚀性液体应进行中和处理。置换通常是指用水、蒸汽、惰性气体将设备、管道里的易燃、易爆或有毒气体彻底置换出来的方法。置换作业时应注意：可靠隔离，即置换作业应在抽堵盲板之后进行；制订方案，置换前应制订置换方案，绘制置换流程图；置换彻底，设备或管道的置换一定要彻底，置换后必须经检验合格后才能作业；取样分析，置换过程中应按置换流程图上标明的取样点（一般在置换终点和死角附近）取样分析；惰气纯度，置换用惰性气体要严格控制氧、氢、一氧化碳等的含量。

5．吹扫

对可能积附易燃、易爆、有毒介质残留物、油垢或沉淀物的设备，用置换方法一般清除不净，故还应进一步进行吹扫作业，一般采用蒸汽来吹扫。吹扫作业和置换一样，事先要制订吹扫方案、绘制流程图、办理审批手续。进行吹扫作业还应注意，吹扫时要集中用汽，吹完时应先关阀后停汽，防止介质倒回；对设备进行吹扫时，应选择最低部位排放，防止出现死角；吹扫后必须经检验合格，才能进行下一步作业；吹扫结束应对下水道、阴井、地沟进行清洗；忌水物不能用蒸汽吹扫；吹扫过程中要防止静电的危害。

6．清洗和铲除

经置换和吹扫无法清除的沉积物，要采用清洗的方法，如用蒸煮、酸洗、碱洗、中和等方法将沉积的易燃、易爆、有毒物质清除干净。若清洗方法无效，则可采取人工铲除的方法予以清除。

化学清洗作业，要注意清洗方式的选择，是碱洗、酸洗还是酸碱结合洗；防止设备、管线腐蚀的要求；废液处理要求。

人员进入容器内进行清焦、清淤、刮铲、焊接等作业时，要注意防爆，注意保护设备，注意个人防护，如通风、监护、佩戴呼吸器及保险带等。

水冲洗储罐作业，要现场监控，防止泵抽空；环保人员要确认冲洗水的处理。

三、检修验收

在设备检修结束时，必须进行全面的检查和验收。对设备检修的安全评价主要体现在安全质量上，以使整个检修能抓住关键，把好关，做到安全检修。同时实现科学检修、文明施工，做到安全交接，达到一次开车成功。

1．检修完毕清理现场

检修人员要检查自己的工作有无遗漏，要清理现场，将火种、油渍垃圾、边角废料等全部清除，不得在现场遗留任何材料、器具和废物。

大修结束后，施工单位撤离现场前，要做到“三清”：清查设备内有无遗落的工具和零件；清扫管路通道，查看有无应拆除的盲板等；清除设备、屋顶、地面上的杂物垃圾。撤离现场应有计划地进行，所在单位要配合协助。凡先完工的工种，应先将工具、机具搬走，然后拆除临时支架、临时电气装置等。拆除脚手架时，要自上而下，下方要有人监护，禁止行人穿行、逗留；上方要注意电线、仪表等装置，拆除工程禁止数层同时进行。拆下的材料物体要用绳子系下，或采用吊运和顺槽流放的方法，及时清理运出，不能抛掷，要随拆随运，不可堆积。电工临时连接的电线要拆除彻底，如属永久性电气装置，检修完毕，要先检查作业人员是否全部撤离，标志是否全部取下，然后拆除临时接地线、遮栏、护罩等，再检查绝缘，恢复原有的安全防护。在清理现场过程中，应遵守有关安全规定，防止物体打击等事故发生。

2. 检修完毕检查安全装置和安全措施

检修竣工后，要仔细检查安全装置和安全措施，如护栏、防护罩、设备孔盖板、安全阀、减压阀、各种计量计（表）、信号灯、报警装置、联锁装置、自控设备、刹车、行程开关、制动开关、阻火器、防爆膜、静电导线、接地、接零等，经过校验使其全部恢复完好，并经各级验收合格后方可投入运行。检修移交验收前，不得拆除悬挂的警示牌和开启切断的管道阀门。检修作业结束后，要对检修项目进行彻底检查，确认没有问题，进行妥善的安全交接后，才能进行试车或开车。总之，每一个项目检修完成后，都要进行自检，在自检合格的基础上再进行互检和专业检查，不合格的要及时返修。

3. 试车

试车就是对检修过的设备装置进行验证，必须经检查验收合格后才能进行。试车的规模有单机试车、分段试车和联动试车，内容有试温、试压、试速、试漏、试安全装置及仪表灵敏度等。

（1）试温。试温指高温设备，按工艺要求升温至最高温度，验证其放热、耐火、保温的功能是否符合要求。

（2）试压。试压包括水压试验、气压试验、气密性试验和耐压试验。目的是检验压力容器是否符合生产和安全要求。

（3）试速。试速指对转动设备的验证，以规定的速度运转，观察其摩擦、振动情况，是否有松动。

（4）试漏。试漏指检验常压设备、管道的连接部位是否紧密，是否有跑、冒、滴、漏现象。

（5）安全装置和安全附件的校验。安全阀按规定进行检验、定压、铅封；爆破片进行更换；压力表按规定进行校验、铅封。

（6）各种仪表的校验、调试。校验、调试各种仪表，使之灵敏可靠。

（7）化工联动试车。首先要制订试车方案，明确试车负责人和指挥者。试车中发现异常现象，应及时停车，查明原因妥善处理后再继续试车。

4. 开工前的安全检查

试车合格后，按规定办理验收、移交手续，正式移交生产。在设备正式投产前，检修单位应拆去临时电源、临时防火墙、安全界标、栅栏以及各种检修用的临时设施；移交后方可解除检修时所采取的安全措施，生产车间要全面检查工艺管线和设备，拆除检修时立、挂的警示牌，并开启切断的物料管线阀门，检查各坑道的排水和清扫状况。这时应特别注意是否有妨碍运转的情况，邻近高温处是否有易燃物的情况。在确认试车完全符合工艺开车要求的情况后，打扫好现场卫生，做开车投料准备，绝不可盲目开车。

（1）开车前，要对操作人员进行必要的安全教育，使他们清楚设备、管线、阀门、开关等在检修中变动的情况，以确保开车后的正常生产。

（2）开车安全。检修后，生产装置的开车过程是保证装置正常运行非常关键的一环。为保证试车成功，在进行开车操作时必须遵循以下安全制度：

1）生产辅助部门和公用工程部门在开车前必须确认装置完全符合工艺开车要求，投料前要严格检查各种原材料及公用工程的供应是否齐备、合格。

2）开车前要严格检查阀门开闭情况及盲板抽堵情况，要保证装置流程通畅。

3）开车前要严格检查各种机电设备及电气仪表等，保证处于完好状态。

4）开车前要检查落实安全、消防措施完好，要保证开车过程中的通信联络畅通，危险性较大的生产装置及过程开车，应通知安全、消防等相关部门到现场。

5）开车过程中应停止一切不相关作业和检修作业，禁止一切无关人员进入现场。

6）开车过程中各岗位要严格按开车方案的步骤进行操作，严格遵守升降温、升降压、投料等速度与幅度要求。

7）试车过程中要严密注意工艺条件的变化和设备运行情况，发现异常要及时处理，情况紧急时应中止开车，严禁强行开车。设备投料开车是整个设备检修的最后一项，必须精心组织，统筹安排，严格按开车方案进行。开车成功，检修人员才能撤离。有关部门要组织全面验收，并整理资料归档备查。至此，检修安全管理全部结束。

第六节　受限空间作业安全

受限空间是指石油化工企业内炉、塔、罐、仓、槽车、管道、烟道、隧道、下水道、沟、坑、井、池、洞等密闭、半密闭的设施及场所。进入受限空间作业，必须采取相应的安全技术措施。

一、进入受限空间作业前的安全技术措施

进入受限空间作业前，应针对作业内容，对受限空间进行危害识别和风险评估，制定相应的作业程序及安全措施。施工单位必须明确作业负责人、作业人员和外部监护人员的职责，不得将进入井下、沟池、管道等有可能产生有毒气体的场所的施工作业项目，发包给不具备有关资质的单位和个人。

进入受限空间作业前，必须办理“进入受限空间作业许可证”，并要严格履行审批手续。施工单位负责人应向施工作业人员进行作业程序和安全技术交底，并指派作业监护人。无“进入受限空间作业许可证”和监护人，禁止进入受限空间作业。

进入受限空间作业前，必须将受限空间与其他空间进行安全隔离（如加盲板或拆除一段管线），并清洗、置换干净，不得以关闭阀门代替安装盲板，盲板处应挂标志牌。

在进入受限空间前 30 min 必须取样分析，严格控制可燃气体、有毒气体的浓度及氧含量，保证其在安全指标范围内（当可燃气体爆炸下限大于4%时，其被测浓度不大于0.5%为合格；当可燃气体爆炸下限小于4%时，其被测浓度不大于0.2%为合格；氧含量为19.5%～23.5%为合格；有毒有害物质不超过国家规定的“车间空气中有毒物质最高允许浓度”的指标），检验合格后才允许进入受限空间进行作业。如果进入受限空间内作业时间较长，至少每2 h检验一次，如发现超标，应立即停止作业，迅速撤出人员。

进入受限空间作业前应采取适当的通风措施，确保受限空间内空气流通良好。对此可采用自然通风，必要时采取强制通风，但严禁向内充氧气。

进入受限空间作业应有足够的照明，应使用安全电压和安全行灯。受限空间内照明电压应不大于36 V，在潮湿或狭小空间内作业应小于12 V，所有灯具及电动工具必须符合防潮、防爆要求。

进入有腐蚀、窒息、易燃、易爆、有毒物料的受限空间内作业时，必须按规定佩戴适用的个体防护用品、器具。在特殊情况下，作业人员可戴长管式面具、空气呼吸器等。佩戴长管面具时，一定要仔细检查其气密性，防止通气长管被挤压，吸气口应置于新鲜空气的上风口，并有专人监护。

在受限空间作业条件发生变化并有可能危及作业人员安全时，必须立即撤出。若需要继续作业，必须重新办理进入受限空间内作业的审批手续。

作业完工后，经施工人员、监护人与使用部门负责人共同检查受限空间内部，确认受限空间内无人员和工具及杂物后，方可封闭离开。

二、进入受限空间作业的安全措施

1. 作业人员的安全措施

进入受限空间作业，不得使用卷扬机、吊车等运送作业人员，严禁作业人员摘下防护面具。进入受限空间内的作业人员每次工作时间不宜过长，应安排轮换作业或休息。作业人员出现身体不适，要立即向监护人员发出联络信号，撤离现场。作业中出现中毒、窒息等紧急情况，抢救人员必须佩戴隔离式防护器具进入受限空间，并至少有一人在外部做联络工作，禁止不具备条件的盲目施救，避免伤亡扩大。进入受限空间内作业必须安排专人监护，监护人员与进入受限空间内作业人员应保持有效的联系，作业人员要服从监护人员的正确指挥。发现监护人员不履行职责时，应立即停止工作。

2. 安全防护措施

对于清理储罐作业、拆除储罐密封胶囊或者容器内未经处理检测合格的情况，要避免进行焊接、切割、打磨等动火作业，防止火花、高温焊渣掉进受限空间内，引发爆燃事故。在受限空间内动火，必须按规定同时办理动火证和履行规定的手续。

进入容器内进行刷漆、喷漆等防腐作业时，要杜绝将大量漆料带进容器内。歇工时，要将漆料转移至容器外，防止漆料组分挥发，造成容器内部可燃气体、有毒有害气体积聚，引发爆燃事故。

地下挖掘土方作业，护壁要牢固，地面堆松土与护壁要有足够的距离。

进入受限空间内，要注意临时支架的牢固性。转动、搅拌带电的设备要切断电源。由于在没有电源的情况下，某些设备也会因偶然碰撞而失去平衡，因此，要有固定转动部位的安全措施。

在污水池、深井等受限空间作业，作业人员在有可能造成物件坠落的地方，要设置警戒线。放置在受限空间外高处平台上的物件、工具，要注意平稳并有围栏或者固定措施，防止坠落伤人。

在受限空间内作业，不得损坏内件，不得违规移动内件，不得随意踩踏内部管线、配件，不得损坏防静电、防雷接触和电气连线。

三、进入受限空间作业完成后的安全措施

电工要断开电源，焊接设备、供电设备要移出现场，熄灭现场一切火种。

在作业过程中，被移动过的受限空间内件要及时复位。从受限空间清理出的废渣、废液要清离现场。

要检查现场，确保人数、工具齐全，保证受限空间内不遗留任何物件，现场不存在任何安全隐患。

第七节　高空作业安全

高空作业是指人员在高度距基准面 2 m 以上（含 2 m）的位置，从事有可能发生高处坠落事故的作业。在石油化工厂内的施工现场，发生人员高处坠落事故比例较大。结合以往现场工作经验，提出一些高处作业的安全控制措施。

一、高空作业人员的安全防护

高空作业人员要求身体健康，患有高血压、心脏病、深度近视等疾病的人员不得从事高空作业。特别高和危险的高处作业，从业人员要经医生体检并出具体检合格证。

高空作业人员要穿工作服、工作鞋，佩戴安全帽、安全带。在有毒、有害环境进行高处作业，要根据毒物毒性特点、浓度情况，佩戴好空气呼吸器及防毒面具等。

二、高空作业的安全控制

使用梯子时，支点要牢固，不滑动；支撑地面要结实、平整。

使用直梯时，梯子与水平地面的夹角为70°~80°，梯子档距不大于300 mm，作业时上部4档不得站人。使用人字梯时，夹角为35°~40°，梯子档距不大于300 mm，作业时上部2档不得站人，地面要设人监护，地面不得垫高使用梯子。

在危险地段要设置安全警示牌，例如，在有高压电缆处，要设置“高压危险”警示牌；在不够牢固、强度不足的结构顶部，要设置“禁止踩踏”警示牌；在高处作业下方危险区域，要设置安全警戒线，防止坠物伤害。

对于特别高的高处作业，上下人员需要配备通信设备。根据需要，在现场设置消防器材和急救器材。如果发现逃生通道不足，要采取措施搭建或清理逃生通道。

高空作业过程中，不得上下抛送物件，要用绳索或由人员传递物件，同时将工具等设备放在不易滑落的地方。作业时，不能随意拆除安全设施。高处拆除作业时，要按自上而下的顺序进行。

作业完成，要清理现场，拆除电线、安全网、安全警示牌等临时设施，施工机具要及时撤出。

第八节　动火作业安全

一、动火前安全要点

动火作业应由经安全考试合格的人员负责。特种作业（如电气焊和切割）要由工种考试合格的人员担任，无合格证者不得独立进行动火作业。动火作业中出现异常时，监护人或动火指挥员应果断命令停止作业，并采取措施，待恢复正常，重新检查合格并经原审批部门审批后，才能重新动火。

禁火区内动火必须办理“动火证”的申请、审核和批准手续，要明确动火的地点、时间、范围、动火方案、安全措施、现场监护人等。对于无证或手续不全、动火证过期、安全措施没落实、动火地点或内容更改等情况，一律不准动火作业。

动火前，要和有关生产车间、工段联系好，明确动火的设备、位置，事先由专人负责做好动火设备的置换、中和、清洗、吹扫、隔离等工作，并落实其他安全措施，要将动火区和其他区域临时隔开，防止火星飞溅引起事故。一般在动火前0.5 h应取样分析，如动火中断0.5 h以上，应重新取样分析。分析试样要保留到动火作业结束，分析结果要做记录，分析人员要在分析报告单上签字。凡能拆迁到固定动火区或其他安全地方进行的动火作业，不应在生产现场内进行，尽量减少禁火区的动火作业。动火作业周围的一切可燃物必须转移到安全场所。

二、灭火措施

动火期间，动火现场附近要保证有充足的水源，动火现场要备有足够适用的灭火器材。危险性大的重要地段动火作业，消防车和消防人员应到现场，做好充分准备。动火前，有关部门的负责人要到现场进行检查落实安全措施，并指定现场监护人和动火指挥员，交代安全事项。

三、善后处理

动火作业结束后，应仔细清理现场，熄灭余火，不许遗漏任何火种，切断动火使用的电源。动火作业还必须严格遵守和切实落实国家有关部门制定的防止违章动火的禁令。

四、特殊动火作业的安全要求

1. 油罐带油动火

油罐带油动火时，除上述的动火安全要点外，还应注意在油面以上不许带油动火，补焊前应进行壁厚测定，作业时防止烧穿罐壁，引起冒油着火。动火前，用铅或石棉绳将裂缝塞严，外面用钢板补焊。

2. 油管带油动火

原则上与油罐带油作业相同。只有在油管破裂而生产系统又无法停下来的情况下，才能带油动火。油管带油动火应做到：补焊前应进行壁厚测定，作业时防止烧穿管壁，引起冒油着火；清理周围现场，移去一切可燃物；用不可燃挡板控制火星飞溅，准备好消防器材，做好扑救准备；邻近的油罐、油管需做好防范措施；动火前用铅或石棉绳将裂缝塞严，外面用钢板补焊；对周围空气进行分析，合格后才能动火。

3. 带压不置换动火

带压不置换动火作业是指对易燃、易爆、有毒气体的低压设备、容器、管道进行带压不置换动火作业。带压不置换动火危险性极大，非特殊情况下不宜采用。必须采用时，应注意动火作业必须保证在正压下进行，防止空气吸入发生爆炸，必须严格控制，保证系统内的氧含量在爆炸极限之下，低于安全标准（一般规定除环氧乙烷外，可燃气体中氧含量不超过1%为安全标准）。补焊前应进行壁厚测定，保证补焊时不被烧穿；补焊前应对泄漏处周围的空气进行分析，防止动火时发生爆炸和中毒。作业人员应穿戴好防护用具，作业时应正确选择合适的位置。带压不置换动火作业中，除必须安排监护人员和扑救人员外，还应安排医务人员到场。

第九节　机械安全概述

机械是机器与机构的总称，是由若干相互联系的零部件按一定规律装配起来，能够完成一定功能的装置。一般机械装置由电气元件实现自动控制。很多机械装置采用电力拖动。

机械是现代生产和生活中必不可少的装备。机械在给人们带来高效、快捷和方便的同时，在其制造及运行、使用过程中，也会带来撞击、挤压、切割等机械伤害和触电、噪声、高温等非机械危害。

机械设备种类繁多。机械设备运行时，其一些部件甚至其本身可进行不同形式的机械运动。机械设备由驱动装置、变速装置、传动装置、工作装置、制动装置、防护装置、润滑系统和冷却系统等部分组成。石油化工通用机械有：石油钻采机械、炼油机械、化工机械、泵、风机、阀门、气体压缩机、制冷空调机械、造纸机械、印刷机械、塑料加工机械、制药机械等。非机械行业的主要产品包括铁道机械、建筑机械、纺织机械、轻工机械、船舶机械等。

一、机械设备的危险部位及防护对策

1．机械设备的危险部位

机械设备可造成碰撞、夹击、剪切、卷入等多种伤害。其主要危险部位如下：

（1）旋转部件和成切线运动部件间的咬合处，如动力传输皮带和皮带轮、链条和链轮、齿条和齿轮等。

（2）旋转的轴，包括连接器、心轴、卡盘、丝杠和杆等。

（3）旋转的凸块和孔处，含有凸块或空洞的旋转部件是很危险的，如风扇叶、凸轮、飞轮等。

（4）对向旋转部件的咬合处，如齿轮、混合辊等。

（5）旋转部件和固定部件的咬合处，如辐条手轮或飞轮和机床床身、旋转搅拌机和无防护开口外壳搅拌装置等。

（6）接近类型，如锻锤的锤体、动力压力机的滑枕等。

（7）通过类型，如金属刨床的工作台及其床身、剪切机的刀刃等。

（8）单向滑动部件，如带锯边缘的齿、砂带磨光机的研磨颗粒、凸式运动带等。

（9）旋转部件与滑动之间，如某些平板印刷机面上的机构、纺织机床等。

2．机械传动机构安全防护对策

机床上常见的传动机构有齿轮啮合机构、皮带传动机构、联轴器等。这些机构高速旋转着，人体某一部位有可能被卷进去而造成伤害事故，因而有必要把传动机构危险部位加以防护，以保护操作者的安全。

在齿轮传动机构中，两轮开始啮合的地方最危险，如图 2—1所示。

在皮带传动机构中，皮带开始进入皮带轮的部位最危险，如图 2—2 所示。

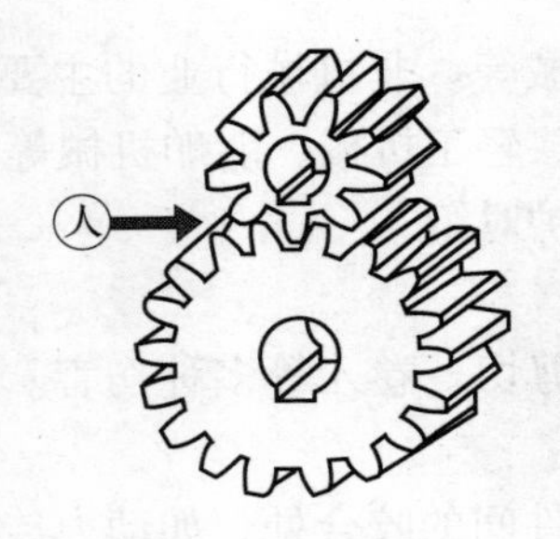

图 2—1　齿轮传动

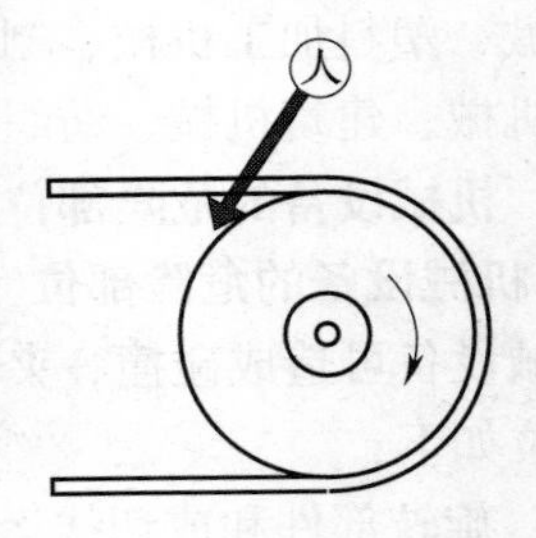

图 2—2　皮带传动

联轴器上裸露的突出部分有可能钩住工人衣服等，给工人造成伤害，如图 2—3 所示。

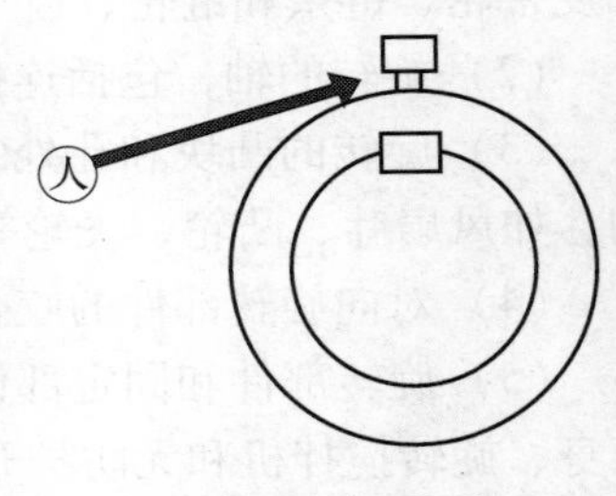

图 2—3　联轴器

为了保证机械设备的安全运行和操作人员的安全和健康，所采取的安全技术措施一般可分为直接、间接和指导性三类。直接安全技术措施是在设计机器时，考虑消除机器本身的不安全因素；间接安全技术措施是在机械设备上采用和安装各种安全防护装置，克服在使用过程中产生的不安全因素；指导性安全措施是制定机器安装、使用、维修的安全规定及设置标志，以提示或指导操作程序，从而保证作业安全。

(1) 齿轮传动的安全防护

啮合传动有齿轮（直齿轮、斜齿轮、伞齿轮、齿轮齿条等）啮合传动、蜗轮蜗杆和链条传动等。

齿轮传动机构必须装置全封闭型的防护装置。应该强调的是：机器外部绝不允许有裸露的啮合齿轮，不管啮合齿轮处于何种位置，因为即使啮合齿轮处于操作人员不常到的地方，但工人在维护保养机器时也有可能与其接触而带来不必要的伤害。在设计和制造机器时，应尽量将齿轮装入机座内，而不使其外露。对于一些历史遗留下来的老设备，如发现啮合齿轮外露，就必须进行改造，加上防护罩。齿轮传动机构没有防护罩不得使用。

防护装置的材料可用钢板或铸造箱体，必须坚固牢靠，保证在机器运行过程中不发生振动。要求装置合理，防护罩的外壳与传动机构的外形相符，同时应便于开启，便于机器的维护保养，即要求能方便地打开和关闭。为了引起人们的注意，防护罩内壁应涂成红色，最好装置电气联锁，使防护装置在开启的情况下机器停止运转。另外，防护罩壳体本身不应有尖角和锐利部分，并尽量使之既不影响机器的美观，又起到安全作用。

（2）皮带传动的安全防护

皮带传动的传动比精确度较齿轮啮合的传动比差，但是当过载时，皮带打滑，起到了过载保护作用。皮带传动机构传动平稳、噪声小、结构简单、维护方便，因此广泛应用于机械传动中。但是，由于皮带摩擦后易产生静电放电现象，故不适用于容易发生燃烧或爆炸的场所。

皮带传动机构的危险部分是皮带接头处、皮带进入皮带轮的地方，如图2—4中箭头所指部位应加以防护。

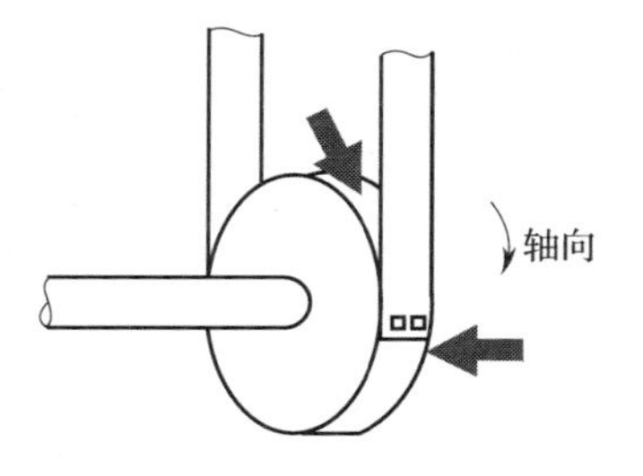

图2—4　皮带传动危险部位

皮带传动装置的防护罩可采用金属骨架的防护网，与皮带的距离不应小于50 mm，设计应合理，不应影响机器的运行。一般传动机构离地面2 m以下，应设防护罩。但在下列3种情况下，即使在2 m以上也应加以防护：皮带轮中心距之间的距离在3 m以上；皮带宽度在15 cm以上；皮带回转的速度在9 m/min以上。这样，万一皮带断裂，不至于伤人。

皮带的接头必须牢固可靠，安装皮带应松紧适宜。皮带传动机构的防护可采用将皮带全部遮盖起来的方法，或采用防护栏杆防护。

（3）联轴器等的安全防护

一切突出于轴面而不平滑的物件（键、固定螺钉等）均增加了轴的危险性。联轴器上突出的螺钉、销、键等均可能给人们带来伤害。因此对联轴器的安全要求是没有突出的部分，即采用安全联轴器。但这样还没有彻底排除隐患，根本的办法就是加防护罩，最常见的是“Ω”型防护罩。

轴上的键及固定螺钉必须加以防护，为了保证安全，螺钉一般应采用沉头螺钉，使之不突出轴面，而增设防护装置则更加安全。

二、机械伤害类型及预防对策

1. 机械伤害类型

在机械行业，存在以下主要危险和危害因素：

（1）物体打击。指物体在重力或其他外力作用下产生运动，打击人体而造成人身伤亡事故。不包括主体机械设备、车辆、起重机械、坍塌等引发的物体打击。

（2）车辆伤害。指企业机动车辆在行驶中引起的人体坠落和物体倒塌、飞落、挤压等伤亡事故。不包括起重提升、牵引车辆和车辆停驶时发生的事故。

（3）机械伤害。指机械设备运动或静止部件、工具、加工件直接与人体接触引起的挤压、碰撞、冲击、剪切、卷入、绞绕、甩出、切割、切断、刺扎等伤害。不包括车辆、起重机械引起的伤害。

（4）起重伤害。指各种起重作业（包括起重机械安装、检修、试验）中发生的挤压、坠落、物体（吊具、吊重物）打击等。

（5）触电。包括各种设备、设施的触电，电工作业时触电，雷击等。

（6）灼烫。指火焰烧伤、高温物体烫伤、化学灼伤（酸、碱、盐、有机物引起的体内外的灼伤）、物理灼伤（光、放射性物质引起的体内外的灼伤）不包括电灼伤和火灾引起的烧伤。

（7）火灾。包括火灾引起的烧伤和死亡。

（8）高处坠落。指在高处作业中发生坠落造成的伤害事故。不包括触电坠落事故。

（9）坍塌。是指物体在外力或重力作用下，超过自身的强度极限或因结构稳定性破坏而造成的事故。如挖沟时的土石塌方、脚手架坍塌、堆置物倒塌、建筑物坍塌等。不适用于矿山冒顶片帮和车辆、起重机械、爆破引起的坍塌。

（10）火药爆炸。指火药、炸药及其制品在生产、加工、运输、储存中发生的爆炸事故。

（11）化学性爆炸。指可燃性气体、粉尘等与空气混合形成爆炸混合物，接触引爆源发生的爆炸事故（包括气体分解、喷雾爆炸等）。

（12）物理性爆炸。包括锅炉爆炸、容器超压爆炸等。

（13）中毒和窒息。包括中毒、缺氧窒息、中毒性窒息。

（14）其他伤害。指除上述以外的伤害，如摔、扭、挫、擦等伤害。

2. 机械伤害预防对策措施

机械危害风险的大小除取决于机器的类型、用途、使用方法和人员的知识、技能、工作态度等因素外，还与人们对危险的了解程度和所采取的避免危险的措施有关。正确判断什么是危险和什么时候会发生危险是十分重要的。预防机械伤害包括两方面的对策。

（1）实现机械本质安全

1）消除产生危险的原因。

2）减少或消除接触机器的危险部件的次数。

3）使人们难以接近机器的危险部位（或提供安全装置，使得接近这些部位不会导致伤害）。

4）提供保护装置或者个人防护装备。

上述措施是依次序给出的，也可以结合起来应用。

（2）保护操作者和有关人员安全

1）通过培训，提高人们辨别危险的能力。

2）通过对机器的重新设计，使危险部位更加醒目，或者使用警示标志。

3）通过培训，提高避免伤害的能力。

4）采取必要的行动增强避免伤害的自觉性。

三、机器安全防护装置

1. 固定安全防护装置

固定安全防护装置是防止操作人员接触机器危险部件的固定的安全装置。该装置能自动地满足机器运行的环境及过程条件。装置的有效性取决于其固定的方法和开口的尺寸，以及在其开启后距危险点是否有足够的距离。该安全装置只有用改锥、扳手等专用工具才能拆卸。

2. 联锁安全装置

联锁安全装置的基本原理：只有安全装置关合时，机器才能运转；而只有机器的危险部件停止运动时，安全装置才能开启。联锁安全装置可采取机械、电气、液压、气动或组合的形式。在设计联锁装置时，必须使其在发生任何故障时，都不使人员暴露在危险之中。例如，利用光电作用，人手进入冲压危险区，冲压动作立即停止。

3. 控制安全装置

为使机器能迅速地停止运动，可以使用控制装置。控制装置的原理是：只有控制装置完全闭合时，机器才能开动。当操作人员接通控制装置后，机器的运行程序才开始工作；如果控制装置断开，机器的运动就会迅速停止或者反转。通常在一个控制系统中，控制装置在机器运转时，不会锁定在闭合的状态。

4. 自动安全装置

自动安全装置的机制是把暴露在危险中的人体从危险区域中移开，仅限于在低速运动的机器上采用。

5. 隔离安全装置

隔离安全装置是一种阻止身体的任何部分靠近危险区域的设施，例如固定的栅栏等。

6. 可调安全装置

在无法实现对危险区域进行隔离的情况下，可以使用部分可调的安全装置。只要准确使用、正确调节以及合理维护，即能起到保护操作者的作用。

7. 自动调节安全装置

自动调节装置由于工件的运动而自动开启，当操作完毕后又回到关闭的状态。

8. 跳闸安全装置

跳闸安全装置的作用，是在操作到危险点之前，自动使机器停止或反向运动。该类装置依赖于敏感的跳闸机构，同时也有赖于机器能够迅速停止（使用刹车装置可以做到这一点）。

9. 双手控制安全装置

这种装置迫使操纵者应用两只手来操纵控制器，它仅能对操作者提供保护。

四、机械制造场所安全技术

（1）采光

生产场所采光是生产必须的条件。如果采光不良，长期作业，容易使操作者眼睛疲劳、视力下降，产生误操作或发生意外伤亡事故。同时，合理采光对提高生产效率和保证产品质量有直接的影响。因此，生产场所应有足够的光照度，以保证安全生产的正常进行。

1）生产场所一般白天依赖自然采光，在阴天及夜间则由人工照明采光作为补充和代替。

2）生产场所的内照明应满足《工业企业照明设计标准》的要求。

3）对厂房一般照明的光窗设置要求：厂房跨度大于 12 m 时，单跨厂房的两边应有采光侧窗，窗户的宽度不应小于开间长度的一半。多跨厂房相连，相连各跨应有天窗，跨与跨之间不得有墙封死。车间通道照明灯应覆盖所有通道，覆盖长度应大于 90% 的车间安全通道长度。

（2）通道

通道包括厂区主干道和车间安全通道。厂区主干道是指汽车通行的道路，是保证厂内车辆行驶、人员流动以及消防灭火、救灾的主要通道；车间安全通道是指为了保证职工通行和安全运送材料、工件而设置的通道。

1）厂区干道的路面要求。车辆双向行驶的干道宽度不小于5 m，有单向行驶标志的主干道宽度不小于3 m。进入厂区门口，危险地段需设置限速限高牌、指示牌和警示牌。

2）车间安全通道要求。通行汽车的宽度>3 m，通行电瓶车的宽度>1.8 m，通行手推车、三轮车的宽度>1.5 m，一般人行通道的宽度>1 m。

3）通道的一般要求。通道标记应醒目，画出边沿标记，转弯处不能形成直角。通道路面应平整，无台阶、坑、沟和凸出路面的管线。道路土建施工应有警示牌或护栏，夜间应有红灯警示。

（3）设备布局

车间生产设备设施的摆放，相互之间的距离以及与墙、柱的距离，操作者的空间，高处运输线的防护罩网，均与操作人员的安全有很大关系。如果设备布局不合理或错误，操作者空间窄小，当设备部件移动或工件、材料等飞出时，容易造成人员的伤害或意外事故。

车间生产设备分为大、中、小型三类。最大外形尺寸长度>12 m者为大型设备，6～12 m者为中型设备，<6 m者为小型设备。大、中、小型设备间距和操作空间的要求如下：

1）设备间距（以活动机件达到的最大范围计算），大型设备≥2 m，中型设备≥1 m，小型设备≥0.7 m。大、小设备间距按最大的尺寸要求计算。如果在设备之间有操作工位，则计算时应将操作空间与设备间距一并计算。若大、小设备同时存在时，大、小设备间距按大的尺寸要求计算。

2）设备与墙、柱距离（以活动机件的最大范围计算），大型设备≥0.9 m，中型设备≥0.8 m，小型设备≥0.7 m。在墙、柱与设备间有人操作的应满足设备与墙、柱间和操作空间的最大距离要求。

3）高于2 m的运输线应有牢固的防护罩（网），网格大小应能防止所输送物件坠落至地面，对低于2 m高的运输线的起落段两侧应加设防护栏，栏高不低于1.05 m。

（4）物料堆放

生产场所的工位器具、工件、材料摆放不当，不仅妨碍操作，而且容易引起设备损坏和伤害事故。为此，要求：

1）生产场所应划分毛坯区，成品、半成品区，工位器具区，废物垃圾区。原材料、半成品、成品应按操作顺序摆放整齐，有固定措施，平衡可靠。一般摆放方位同墙或机床轴线平行，尽量堆垛成正方形。

2）生产场所的工位器具、工具、模具、夹具应放在指定的部位，安全稳妥，防止坠落和倒塌伤人。

3）产品坯料等应限量存入，白班存放为每班加工量的1.5倍，夜班存放为加工量的2.5倍，但大件不得超过当班定额。

4）工件、物料摆放不得超高，在垛底与垛高之比为1∶2的前提下，垛高不超出2 m（单位超高除外），砂箱堆垛不超过3.5 m。堆垛的支撑稳妥，堆垛间距合理，便于吊装，流动物件应设垫块且楔牢。

（5）地面状态

生产场所地面平坦、清洁是确保物料流动、人员通行和操作安全的必备条件。为此，要求：

1）人行道、车行道和宽度应符合规定的要求。

2）为生产而设置的深 >0.2 m，宽 >0.1 m的坑、壕、池应有可靠的防护栏或盖板，夜间应有照明。

3）生产场所工业垃圾、废油、废水及废物应及时清理干净，以避免人员通行或操作时滑跌造成事故。

4）生产场所地面应平坦，无绊脚物。

第三章　职业卫生与劳动保护

第一节　危害因素识别及防护

危险因素是指能够对人造成伤亡或对物造成突发性损害的因素。有害因素是指能影响人的身体健康、导致疾病，或对物造成慢性损害的因素。通常情况下，两者不加以区分而统称为危险有害因素。客观存在的危险、有害物质或能量超过临界值的设备、设施和场所，都可能成为危险、危害因素。危害因素识别就是采用一定的方法和程序，分析识别生产装置、设施或作业活动中存在的危险有害因素。

一、危险、有害因素的分类

在 GB 6441—1986《企业职工伤亡事故分类》中，将人的不安全行为分为操作失误造成安全装置失效，使用不安全设备等 13 类；将物的不安全状态分为防护、保险、信号灯装置缺乏或有缺陷，设备、设施、工具、附件有缺陷，个人防护用品、用具缺少或有缺陷，以及生产（施工）场地环境不良四大类。

1. 人的不安全行为

人的不安全行为是指作业人员违反安全生产规章制度和安全操作规程的行为。不安全行为主要表现为，在正常和非正常精神状态下的感受和判断错误操作，以及因知识和经验缺乏而进行的不安全作业等，具体行为如下：

（1）操作错误，忽视安全，忽视警告。例如，开动、关停机器时未给信号；违反设备的操作规程，操作失误；检修运行中的管线或设备时，未加盲板进行隔离；操作方法错误；忽视警告标志、警告信号；操作位置不当等。

（2）造成安全装置失效。例如，未经批准，擅自更改安全阀定压值；擅自调整报警上下限值；擅自拆除联锁保护装置；擅自关闭声光报警；擅自关闭安全阀前后手阀等。

（3）使用不安全设备。例如，使用不牢固的设施或有缺陷的工具；在油、气区使用不防爆的工具；随意乱用代用工具（如用管钳代替阀门扳手等）；用汽油、易挥发溶剂擦洗设备、衣物、工具及地面等；在油气区使用手机等不防爆的移动通信工具等。

（4）用手代替工具操作。

（5）材料、工具和生产用品等存放不当，可能发生坠落、坍塌，影响他人正常工作或堵塞消防通道等。

（6）冒险进入危险场所。例如，冒险进入受限空间；未经允许进入受限空间；在无安全防护措施的情况下接近泄漏处；进入危险场所不注意观察或不听劝阻；听到报警后不采取应急处理行动；不采取防护措施进入危险区域等。

（7）攀、坐不安全的位置，如平台护栏、吊车吊钩等处。

◎事故案例

某日，某炼油厂检修车间管工五班在常减压检修工地吊装空冷器，就位后，一名电焊工登上空冷器的松倒链，引起倒链断裂，该电焊工从 23.3 m 高的新空冷器上摔下死亡。造成这次事故的原因是焊工缺乏吊装专业知识，违章站在吊物上，且高空作业不系安全带，导致事故发生。

（8）在起吊物下作业、停留。

（9）机器运转时，进行加油、修理、检查、调整、焊接、清扫等工作，揭开或拆掉防护装置等。

（10）有分散注意力行为。例如，工作时间进行与工作无关的事情；疲劳作业；健康状况异常、心理异常等。

（11）在必须使用个人防护用品用具的作业或场合中，忽视其使用或使用不当。例如，未戴护目镜或面罩、未戴防护手套、未穿安全鞋、未戴安全帽、未佩戴呼吸护具、未佩戴安全带等。

（12）不安全装束。例如，在有旋转零部件的设备旁作业穿过于肥大的服装；操纵带有旋转零部件的设备时戴手套；穿易产生静电的服装进入油、气区；穿带铁钉的鞋；长头发靠近转动设备等。

（13）对易燃、易爆等危险物品处理错误。例如，随意排放油气、油品、酸碱、污水等；带油的抹布随意弃扔；将油物放入生活垃圾或建筑垃圾等。另外，在劳动过程中的人为因素一般还有精神紧张、特定时期劳动组织和作息制度不合理等。

2. 物的不安全状态

物都具有不同形式、性质的能量，会有出现能量意外释放而引发事故的可能性。由于物的能量可能释放引起事故的状态，称为物的不安全状态。这是从能量与人的伤害间的联系所给出的定义。如果从发生事故的角度考虑，也可把物的不安全状态看做曾引起或可能引起事故的物的状态。

在生产过程中，物的不安全状态极易出现。所有的物的不安全状态，都与人的不安全行为或人的操作、管理失误有关。往往在物的不安全状态背后，隐藏着人的不安全行为或人为失误。物的不安全状态既反映了物的自身特性，又反映了人的素质和人的决策水平。

物的不安全状态的运动轨迹，一旦与人的不安全行为的运动轨迹相交，就是发生事故的时间与空间，所以物的不安全状态是发生事故的直接原因。因此，正确判断物的具体不安全状态，控制其发展，对预防、消除事故有直接的现实意义。物的不安全状态有以下4种表现形式：

（1）防护、保险、信号等装置缺乏或有缺陷

1）无防护。包括无防护罩、无安全保险装置、无报警装置、无安全标志、无护栏或护栏损坏、电气未接地、绝缘不良、局扇无消声系统、噪声大、危房内作业、未安装防止“跑车”的限位器或挡车栏等。

2）防护不当。包括防护罩未在适当位置、防护装置调整不当，坑道掘进、隧道开凿支撑不当、防爆装置安装不当，采伐、集材作业安全距离不够，放炮作业隐蔽所有缺陷，电气装置带电部分

裸露等。

（2）设备、设施、工具、附件有缺陷

1）设计不当，结构不符合安全要求。包括通道门遮挡视线，制动装置有缺陷，安全间距不够，拦车网有缺陷，工件有锋利毛刺、毛边，设施上有锋利倒棱等。

2）强度不够。包括机械强度不够，绝缘强度不够，起吊重物的绳索不合安全要求等。

3）设备在非正常状态下运行。包括设备带“病”运转、超负荷运转等。

4）维修、调整不良。包括设备失修、地面不平、保养不当、设备失灵等。

（3）个人防护用品、用具有缺陷

防护服、手套、护目镜及面罩、呼吸器官护具、听力护具、安全带、安全帽、安全鞋等缺少或有缺陷等。

1）无个人防护用品、用具。

2）所用防护用品、用具不符合安全要求等。

（4）生产（施工）场地环境不良

1）照明光线不良。如照度不足，作业场地烟雾尘弥漫而使视线不清，光线过强等。

2）通风不良。如无通风，通风系统效率低，风流短路，停电停风时放炮作业，瓦斯排放未达到安全浓度便放炮作业，瓦斯超限等。

3）作业场所狭窄。

4）作业场地杂乱，包括工具、制品、材料堆放不安全；采伐时，未开“安全通道”，迎门树、坐殿树、搭挂树未作处理等。

5）交通线路的配置不安全。

6）操作工序设计或配置不安全。

7）地面滑。如地面有油或其他液体、冰雪覆盖，地面有其他易滑物等。

8）储存方法不安全。

9）环境温度、湿度不当。

总之，人的不安全行为是指可能造成事故的人为错误，而物的不安全状态是指能导致事故发生的物质条件。人的不安全行为和物的不安全状态是相互影响、相互存在的。所以，抓好安全工作的出发点和着手点，就是要努力消除此两大不安全因素。

3. 管理方面的缺陷

（1）对物（含作业环境）性能控制的缺陷，如设计、监测和不符合处置方面的缺陷。

（2）对人失误控制的缺陷，如教育、培训、指示、雇用选择、行为监测等方面的缺陷。

（3）工艺过程、作业程序的缺陷，如工艺技术错误或不当，没有作业程序或作业程序错误。

（4）用人单位的缺陷，如人事安排不合理、负担超限、没有必要的监督和联络、禁忌作业等。

（5）对来自相关方（供应商、承包商等）的风险管理的缺陷，如合同签订、采购等活动中，忽略了安全、健康方面的要求。

（6）违反安全人机工程原理，如使用的机器不适合人的生理或心理特点。

此外，一些客观因素，如温度、湿度、风雨雪、照明、视野、噪声、振动、通风换气、色彩等也会引起设备故障或人为失误，是导致危险有害物质和能量失控的间接因素。

4. 生产过程的危险有害因素

另外，2009 年 10 月 15 日发布的 GB/T 13861—2009《生产过程危险和有害因素分类与代码》代替了 GB/T 13861—1992 版本。该标准又将生产过程中的危险有害因素分为以下 4 类：

（1）人的因素。包括心理、生理性危险和有害因素：负荷超限、体力负荷超限、听力负荷超限、视力负荷超限、其他负荷超限、健康状况异常、从事禁忌作业、心理异常、情绪异常、冒险心理、过度紧张、其他心理异常、辨识功能缺陷、感知延迟、辨识错误、其他辨识功能缺陷，其他心理、生理性危险和有害因素。行为性危险和有害因素：指挥错误、指挥失误、违章指挥、其他指挥错误、操作错误、误操作、违章作业、其他操作错误、监护失误、其他行为性危险和有害因素。

（2）物的因素。物理性危险和有害因素：设备、设施、工具、附件缺陷，强度不够、刚度不够、稳定性差、密封不良、应力集中、外形缺陷、外露运动件、操纵器缺陷、制动器缺陷、控制器缺陷，其他设备、设施、工具、附件缺陷，防护缺陷、无防护，防护装置、设施缺陷，防护不当、支撑不当、防护距离不够、其他防护缺陷、电伤害、带电部位裸露、漏电、静电、杂散电流、电火花、其他电伤害、噪声、机械性噪声、电磁性噪声、流体动力性噪声、其他噪声、振动危害、机械性振动、电磁性振动、流体动力性振动、其他振动危害、电磁辐射、电离辐射、非电离辐射、运动物伤害、抛射物、飞溅物、坠落物、反弹物、土、岩滑动、料堆（垛）滑动、气流卷动、其他运动物伤害、明火、高温物质、高温气体、高温液体、高温固体、其他高温物质、低温物质、低温气体、低温液体、低温固体、其他低温物质、信号缺陷、无信号设施、信号选用不当、信号位置不当、信号不清、信号显示不准、其他信号缺陷、标志缺陷、无标志、标志不清晰、标志不规范、标志选用不当、标志位置缺陷、其他标志缺陷、有害光照、其他物理性危险和有害因素。化学性危险和有害因素：爆炸品、压缩气体和液化气体、易燃液体、易燃固体、自燃物品和遇湿易燃物品、氧化剂和有机过氧化物、有毒品、放射性物品、腐蚀品、粉尘与气溶胶、其他化学性危险和有害因素。生物性危险和有害因素：致病微生物、细菌、病毒、真菌、其他致病微生物、传染病媒介物、致害动物、致害植物、其他生物性危险和有害因素。

（3）环境因素。室内作业场所环境不良：室内地面滑、室内作业场所狭窄、室内作业场所杂乱、室内地面不平、室内梯架缺陷，地面、墙和天花板上的开口缺陷，房屋基础下沉、室内安全通道缺陷、房屋安全出口缺陷、采光照明不良、作业场所空气不良，室内温度、湿度、气压不适，室内给排水不良，室内涌水，其他室内作业场所环境不良。室外作业场地环境不良：恶劣气候与环境、作业场地和交通设施湿滑、作业场地狭窄、作业场地杂乱、作业场地不平、航道狭窄、有暗礁或险滩，脚手架、阶梯和活动梯架缺陷，地面开口缺陷、建筑物和其他结构缺陷、门和围栏缺陷、作业场地基础下沉、作业场地安全通道缺陷、作业场地安全出口缺陷、作业场地光照不良、作业场地空气不良，作业场地温度、湿度、气压不适，作业场地涌水、其他作业场地环境不良。地下（含水下）作业环境不良：隧道/矿井顶面缺陷、隧道/矿井正面或侧壁缺陷、隧道矿井地面缺陷、地下作业面空气不良、地下火、冲击地压、地下水、水下作业供氧不当、其他地下作业环境不良。其他作业环境不良：强迫体位、综合性作业环境不良、以上未包括的其他作业环境不良。

（4）管理因素。职业安全卫生组织机构不健全；职业安全卫生责任制未落实；职业安全卫生管理规章制度不完善：建设项目“三同时”制度未落实、操作规程不规范、事故应急预案及响应缺陷、培训制度不完善、其他职业安全卫生管理规章制度不健全；职业安全卫生投入不足；职业健康管理不完善；其他管理因素缺陷。

二、石油化工企业常见的危害因素

石油化工生产过程的危险有害因素包括工艺过程的危险有害因素和生产单元的危险有害因素。对工艺过程的危险有害因素的识别有以下几种情况：

（1）存在不稳定物质的工艺过程，这些不稳定物质有原料、中间产物、副产物、添加物或杂质等。

（2）放热的化学反应过程。

（3）含有易燃物料且在高温、高压下运行的工艺过程。

（4）含有易燃物料且在冷冻状况下运行的工艺过程。

（5）在爆炸极限范围内或接近爆炸性混合物的工艺过程。

（6）有可能形成尘、雾爆炸性混合物的工艺过程。

（7）有剧毒、高毒物料存在的工艺过程。

（8）储有压力能量较大的工艺过程。

生产单元的危险有害因素主要指催化裂化、加氢裂化、加氢精制乙烯、氯乙烯、丙烯腈、聚氯乙烯等生产单元的危险有害因素，这些单元的危险有害因素是由所处理物料的危险性决定的。按照GB/T 13861—2009《生产过程危险和有害因素分类与代码》对生产过程中的危险有害因素的分类原则，石油化工企业中的危险有害因素分为以下 4 类。

（1）人的因素

在工作过程中指挥错误、操作错误、监护错误、加班加点超负荷工作、健康状况异常、从事禁忌作业、心理异常、辨识功能缺陷等。

（2）物的因素

由于设计、制造、使用、作业、储运等过程中造成强度不够、刚度不够、稳定性差、密封不良、无防护、防护不当、防护距离不够、电危害、振动、坠落物、机动车、运动机械、高低温物质、场地狭窄、安全过道缺陷、信号缺陷、标志缺陷，使用的原料、产品、化工原材料属于易燃易爆、自燃、有毒、腐蚀性物质等。

（3）环境因素

噪声、明火、粉尘、地面滑、采光照明不良、缺氧、通风不良、电磁辐射等。

（4）管理因素

包括安全检查、事故防范、应急管理、作业人员安排、防护用品缺少等。

由于上述危害因素的存在，可能导致的事故主要有着火爆炸、容器爆炸、中毒窒息、高空坠落、车辆伤害、物体打击、机械伤害、起重伤害、触电、烫伤等。

第二节 常见职业危害因素的防护

一、职业危害因素

职业危害因素也称职业病危害因素，是指生产作业环境中存在的可能使作业人员某些器官和系统发生异常改变而形成急性或慢性病变的因素。为了区别客体对人体不利作用的特点和效果，通常将危害因素分为危险因素（强调突发性和瞬间作用）和有害因素（强调在一定时间范围内的积累作用）。职业危害和职业病已成为影响劳动者健康，造成劳动者失去劳动能力的主要因素。不同作业环境所存在的职业危害因素的类型不完全相同，但根据《职业病范围和职业病患者处理办法》的规定，石油化工企业一般存在以下职业危害因素。

1. 化学性因素

化学性因素主要是生产性粉尘和生产性毒物。

（1）生产性粉尘。常见的生产性粉尘主要有石油焦粉尘、白土粉尘以及催化剂硅酸铝粉尘等。作业人员长期在超过国家规定的最高容许粉尘浓度条件下作业，加上其他因素的影响，就有可能发生尘肺病（肺尘埃沉着症）。粉尘中的主要危害化学因素为游离二氧化硅、硅酸盐等。

（2）生产性毒物。常见的生产性毒物有氮氧化物、硫化氢、一氧化碳等窒息性气体；氨、酚、甲醇、糠醛、二氧化硫等刺激性气体；正己烷、苯、三氯乙烯、二氯乙烷等有机溶剂；铅、汞、砷等金属毒物和类金属毒物。生产性化学毒物可引起急、慢性职业中毒。作业人员可能接触到的生产性毒物类型很多，取决于实际生产条件，如肌体健康状态、毒物的性质和剂量，以及作用方式、接触时间等，尤其是硫化氢、氮气、氨等是石油化工行业重点防治的对象。

2. 物理性因素

物理性因素主要指以下3类。

（1）不良的气象条件。生产场所的温度、湿度、气流及热辐射构成了生产环境的气象条件。在强烈热辐射、高温、高湿等不良气象条件下作业，可能引起中暑，而在寒冷气候条件下工作，不仅可引起冻伤，还可增高感冒、气管炎和心血管病等的发病率。

（2）噪声和振动。在生产过程中，噪声和振动通常同时存在。噪声对人体的危害是多方面的，主要是损害听觉，可引起职业性耳聋。振动也影响人体健康，可以引起振动病，振动的频率和振幅大小是决定振动对人身健康危害大小的主要因素。噪声和振动还可引起中枢和植物神经系统机能紊乱，主要表现为头痛、头晕、失眠、注意力分散、反应迟钝等神经衰弱症状，常常影响人们的工作能力和工作效率，甚至影响人们的生活质量。

（3）高气压与低气压。当人体从正常大气压状态进入气压降低或升高的状态时，由于人体内部压力与周围气压的压差变化，或由于周围气压降低导致氧气含量降低，将引起人体生理系统功能的一系列变化，严重时可引起病变，如高山病、潜水病等。

二、常见职业危害因素的防护措施

1. 粉尘

对粉尘作业的防护措施主要有工程防护、湿式作业、密闭尘源、通风除尘、个体防护，佩戴符合要求的防尘口罩等。

2. 高、低温

（1）高温。高温作业的防护措施主要有：

1）尽可能实现自动化和远距离操作等隔热操作方式，设置热源隔热屏等，如热源隔热保温层、水幕、隔热操作室（间）、各类隔热屏蔽装置等。

2）通过合理调节自然通风气流，设置全面、局部进风装置或空调，降低工作环境的温度。

3）依据 2009 年 6 月 1 日实施的 GB/T 4200—2008《高温作业分级》的规定，限制持续接触热时间。

4）使用隔热服等个人防护用品，供应清凉饮料。防暑降温措施主要是隔热、通风和个体防护，解决高温作业危害的根本出路在于实现生产过程的自动化。

（2）低温。低温作业、冷水作业的防护措施有：

1）实现自动化、机械化作业，避免或减少低温作业和冷水作业。控制低温作业、冷水作业的时间。

2）穿戴防寒服（手套、鞋）等个人防护用品。

3）设置采暖操作室、休息室、待工室等。

4）冷库等低温封闭场所应设置通信、报警装置，防止误将人员关锁。

3. 噪声

噪声控制的方法主要包括以下几种：

（1）工程控制。在设备采购上，要考虑设备的低噪声、低振动；对噪声问题，寻找设计上的解决方案，包括使用更为安静的工艺过程（如用压力机替代气锤等），设计具有弹性的减振器托架和联轴器，在管道设计中尽量减少其方向及速度上的突然变化；在操作具有旋转式和往复式运动的设备时，要尽可能地慢。

（2）方向和位置控制。把噪声源移出作业区或者转动机器的方向。

（3）封闭。将产生噪声的机器或其他噪声源用吸音材料包围起来。但是，除了在全封闭的情况下，这种做法的效果有限。

（4）使用消声器。当空气、气体或者蒸气从管道中排出时或在其中流动时，用消声器可以降低噪声。

（5）外包消声材料。作为替代密封的办法，用在运送蒸气及高温液体的管道的外面。

（6）减振。采用增设专门的减振垫、坚硬肋状物或者双层结构来实现。

（7）屏蔽。这在减少噪声的直接传递方面是有效的。

（8）吸声处理。从声学上进行设计，用有关材料制作墙壁和天花板来吸收噪声。

（9）隔离作业人员。在高噪声作业环境下，无关人员不要进入。短时间地进入这种环境而暴露在高声压的噪声下，也会超过每日允许的剂量。

(10) 个体防护。提供耳塞或者耳罩，这应该被看成是最后一道防线。需要佩戴个体防护用具的区域要明确标明，对用具的使用及使用原因都要讲清楚，要有适当的培训。

噪声的卫生标准：工业企业的生产车间和作业场所的工作地点的噪声标准为 85 dB（A）。现有工业企业经过努力，暂时达不到标准时，可适当放宽要求，但不得超过 90 dB（A）。对每天接触噪声不到 8 h 的工种，根据企业种类和条件，可相应放宽。

4. 振动

振动是指物体在外力作用下，以中心位置为基准呈往复振荡的现象。生产过程中的生产设备、工具产生的振动称为生产性振动。振动的控制措施有：

(1) 从工艺和技术上消除或减少振动源是预防振动危害最根本的措施，如用油压机或水压机替代气锤，用水爆清沙或电液清沙代替风铲清沙，以电焊代替铆接等。

(2) 选用动平衡性能好、振动小、噪声低的设备。在设备上设置动平衡装置，安装减振支架、减振手柄、减振垫层、阻尼层。减轻手持振动工具的质量。

(3) 基础隔振是将振动设备的基础与基础支撑之间用减振材料（橡胶、软木、泡沫乳胶、矿渣等）、减振器（金属弹簧、橡胶减振器和减振垫等）隔振，减少振源的振动输出。在振源设备周围地层中设置隔振沟、板桩墙等隔振层，切断振源向外传播的途径。

(4) 个体防护穿戴防振手套、防振鞋等个人防护用品，降低振动危害程度，其中最重要的是防止手指受冷。

5. 生产过程毒物的防护

生产性毒物在生产过程中可以在原料、辅助材料、夹杂物、半成品、成品、废气、废液及废渣中存在，其形态可以固体、液体、气体等形式存在于生产环境中。了解生产性毒物的存在形态，有助于研究有毒物进入机体的途径，发病原因，而且便于采取有效的防护措施，以及选择车间空气中有害物的采样方法。这里只介绍石油化工行业中常见的硫化氢、苯、氨、氮氧化物、氯气、汽油、液化气等有毒物的防护。

（1）硫化氢。石油化工企业许多生产过程都有硫化氢。硫化氢常态为无色、有臭鸡蛋气味的气体；剧毒，易溶于水，能与多种金属离子发生化学反应，生成不溶于水的硫化物；气体比空气重，容易扩散到相当远的区域，遇明火会引起回燃。硫化氢是强烈的神经毒物，主要经呼吸道吸收而引起全身中毒，低浓度中毒经过一段时间后，才感到头痛、流泪、恶心，眼结膜、口腔黏膜红肿，皮肤发痒、干燥，嗓子感到不适。当吸入大量硫化氢时，人会立即昏迷；当硫化氢浓度高达 1 000 mg/m^3 时，人会失去知觉，很快就会中毒死亡。硫化氢在浓度低的时候能闻到难闻的臭味，起初臭味增强与浓度的升高成正比，但当浓度超过 10 mg/m^3 时，浓度继续升高臭味反而减弱，而这种情况才是最危险的。

◎**事故案例**

其一，2010 年 2 月 12 日 15 时 31 分，某油田公司炼油化工总厂聚丙烯装置液态烃脱硫抽提塔第一层平台处富液出口开关法兰泄漏，在更换垫片进行螺栓紧固过程中，法兰东侧部位突然喷出含硫化氢液态物料，3 名操作人员躲避不及，当即晕倒。现场人员在未采取有效防护措施的情况下进行施救，最终导致 2 人死亡、5 人住院观察，其中 4 人已经出院，1 人继续住院治疗。原因分析：该起事故暴露出的主要问题：一是违反作业票规定，没有佩戴防毒面具作业；二是在没有佩戴个人防护器具的情况下，盲目施救；三是现场监督不落实。同时也反映出某油田公司安全管理存在严重问题，一些领导干部安全责任不落实，工作失职，不作为，安全培训教育不到位，员工基本安全技能不强，没有认真落实生产和作业前开展工艺安全分析的要求，现场“三违”行为严重，“严格不起来，落实不下去”，规章制度执行无力。

其二，2012 年 7 月 6 日晚，某天然气净化厂检修人员在对净化装置进行清洗作业时，突发硫化氢中毒事故。事故造成 3 人死亡，包括附近村民在内的 15 人送医院救治。工人清洗作业时所使用的除垢剂与装置内的一些物质混合后，产生硫化氢气体，硫化氢中毒是此次事故中工人伤亡的主要原因。当时，工人一边用泵车向净化装置内打水，一边掺入除垢剂等化学品，混合后，产生大量的硫化氢气体。此次事故的教训是：作业人员缺乏硫化氢防护知识，对有害气体危害的严重性认识不足。因此，应当突出岗位安全生产培训，使每个职工都能熟悉了解本岗位的职业危害因素和防护技术及救护知识，教育职工正确使用个体防护用品，教育职工遵章守纪。

硫化氢的防护主要包括：

1）生产企业内有泄漏硫化氢有毒气体的场所必须配置固定式硫化氢检测报警器和便携式硫化氢检测报警器，以及适用的防毒救护器材。

2）在每一个有泄漏硫化氢危险的工作场所设置警示牌和风向标，明确作业时应采取的防护措施。

3）所有含硫化氢介质的采样和切水作业应为密闭方式。

4）所有在含硫化氢环境中作业的人员，都必须接受“防止硫化氢中毒知识”的教育和培训。

5）禁止任何人员在未佩戴合适的防毒器材的情况下进入可发生硫化氢中毒的区域，并禁止在有毒区内脱掉防毒器材。

6）在含有硫化氢的油罐、粗汽油罐、轻质污油罐及含酸性气、瓦斯介质的设备上作业时，必须随身佩戴好适用的防毒救护器材。作业时至少应有两人同时到现场，并站在上风向，必须坚持一人作业，一人监护。

7）凡进入含有硫化氢介质的设备、容器内作业时，必须按规定切断一切物料，彻底冲洗、吹扫、置换、加好盲板，经取样分析合格，落实好安全措施，并按规定办理作业手续，在有人监护的情况下进行作业。

8）在接触硫化氢有毒气体的作业中，作业人员一旦发生硫化氢中毒，监护人员应当立即使中毒人员脱离毒区，在空气新鲜的毒区上风口现场对中毒人员进行人工呼吸，禁止采用口对口人工呼吸法，并通知气防机构和急救部门；对中毒人员进行救护时，救护人员必须佩戴好适用的防毒救护器材。

（2）苯。苯在石油化工企业许多生产过程中都存在，是无色透明、略带芳香气味、易挥发、易燃的液体，微溶于水，易溶于乙酸、乙醚、丙酮等有机溶剂。苯属中等毒性。急性毒作用，主要作用中枢神经系统，以麻醉作用为主。慢性毒作用，主要作用于造血组织，以抑制造血机能为主，其次作用于神经系统。

苯的防护主要包括：

1）用无毒或低毒物质代替苯、甲苯、二甲苯作为溶剂或稀释剂。

2）加强设备密闭化、通风排毒。

3）根据需要佩戴防有机蒸气滤毒口罩或送风式口罩、面罩，皮肤的局部防护可用液体皮肤防护膜。

4）作业人员定期体检。

（3）氨。氨主要见于常减压蒸馏、酮苯脱蜡、石蜡成型、氨罐区等场所。氨是无色、具有强烈刺激气味的气体，极易溶于水形成氨水，呈强碱性，能碱化脂肪。氨属于中等毒类，低浓度对黏膜有刺激作用，会使组织溶解性坏死等，还可通过三叉神经末梢的反射作用引起心脏停搏或呼吸停止。

氨的防护主要包括：

1）加强生产设备的密闭化和通风排毒。

2）加强防腐蚀，减少“跑、冒、漏、滴”。

3）严格遵守操作规程，加强个人防护，必要时佩戴空气呼吸器、橡胶手套、胶鞋、防护镜等。

4）做好上岗前体检及定期体检。

5）发生泄漏时，可用雾状水吸收。

（4）氮氧化物（NO、NO_2）。电焊、氩弧焊、气割及电弧发光时，产生的高温能使空气中氧和氮合成氮氧化物。NO 为无色气体，微溶于水，在空气中易氧化成 NO_2。NO_2 在 21.1℃时为红棕色刺鼻性气体，21.1℃以下时呈暗褐色液体，溶于碱、二氧化碳和氯仿，微溶于水，属高毒物品，对眼睛和呼吸道刺激作用较小，到达深呼吸道后形成硝酸及亚硝酸，对肺组织产生剧烈的刺激和腐蚀作用，导致肺水肿。

氮氧化物的防护主要包括：

1）加强生产设备的密闭化和通风排毒。

2）定期检修设备，减少“跑、冒、漏、滴”。

3）严格遵守操作规程，加强个人防护，可采用送风式防毒面具。

4）做好上岗前体检及定期体检，患有明显呼吸系统疾病者，不宜从事本作业。

（5）氯气。石油化工企业使用氯气主要用做水的消毒剂。氯气属剧毒气体，外观为黄绿色，有刺激性气味，略溶于水，易溶于碱液，遇水生成次氯酸和盐酸。氯气不会燃烧，但它是一种强氧化剂，可助燃，几乎对金属和非金属都有腐蚀作用。侵入人体的主要途径是吸入，它对眼、呼吸道黏膜有刺激作用，长期低浓度接触，可引起慢性支气管炎、支气管哮喘等，可引起职业性痤疮及牙齿酸蚀症。

氯气的防护主要包括：

1）加强设备维护保养，防止“跑、冒、漏、滴”。

2）作业场所应严格建立个人防护用品的培训、发放、登记和使用管理制度，配备有效的防护用具。

3）作业人员应依法进行上岗前、在岗期间和离岗时的健康体检。

4）作业场所应设置醒目的警示标志和警示说明。

5）场所内设置洗眼、冲淋设备；装置高处设置风向标；液氯钢瓶存放处应设中和吸收装置等事故处理的设施和工具。

6）作业场所应设置固定式检测报警器，配备移动式吸氯和抢修器材，并建立定期检测制度。

◎事故案例

2011 年 8 月 11 日，山东临沂郯城县化工厂发生氯气泄漏事故。当日 21 时 20 分，阳煤恒通化工东区（当地人称郯城县化工厂）氯气管道出现一处泄漏。山东郯城化工厂氯气泄漏事故中氯气泄漏是由于管道短，交接处出现漏点造成的。这个漏点位于一根横管和一根竖管的交接处，年久腐蚀而成，此前安检工作中并未发现。但2011年7、8月份，郯城连日降雨，氯气和水发生化学反应后，该漏点扩大致氯气泄漏。该事故共造成8人中毒，疏散人群600人。

（6）汽油。汽油普遍存在于石油化工企业生产、储运、装卸、采样、分析等的过程中，易挥发燃烧，具有特殊气味，含硫化物杂质越多，味越大。汽油为麻醉性毒物，对皮肤和黏膜有一定的刺激作用，主要作用于中枢神经系统。慢性中毒主要表现为神经衰弱症候群，可引起皮肤干燥、皲裂、角化、急性皮炎等。

汽油的防护主要包括：

1）加强炼油生产设备密闭化及通风排毒。

2）严禁用汽油擦洗设备、衣物、工具及地面等。

3）进入汽油蒸气浓度高的地方作业，严格遵守操作规程，佩戴好防护用品。

4）作业人员定期体检。

（7）液化气。液化气普遍存在于石油化工企业原油二次加工装置、化工装置和一些储运、装卸液化气的作业环节。液化气是易挥发、易燃、易爆炸性的气体，经加压变为液态，有难闻的臭味。液化气为麻醉性毒物，对黏膜和呼吸道有刺激作用。长期接触低浓度者，可出现头痛、头晕、睡眠不佳、易疲劳、情绪不稳及植物神经功能紊乱等。

液化气的防护主要包括：

1）发现泄漏时迅速撤离泄漏污染区至上风处，并进行隔离，严格限制出入，切断火源。

2）应急处理人员佩戴自给正压式呼吸器，穿防静电工作服。

3）尽可能切断泄漏源，不要直接接触泄漏物，用工业覆盖层或吸附（吸收）剂盖住泄漏点附近的下水道等地方，防止空气进入，以防燃烧爆炸。

4）合理通风，加速扩散，用喷雾状水稀释。

5）漏气容器要妥善处理，修复、检验后再用。

三、职业病知识

1. 定义

职业病是指企业、事业单位和个体经济组织（统称用人单位）的劳动者在职业活动中，因接触粉尘、放射性物质和其他有毒有害等因素而引起的疾病。它包含以下含义：即患病者是劳动者，在明确的用人单位中从事职业活动，必须接触粉尘、放射性物质和其他有毒有害物质等职业病危害因素。根据 2013 年新修订的《职业病分类和目录》规定，我国法定职业病共分为 10 大类 132 种。依据国家卫生部《职业病危害因素分类目录》和《建设项目职业病危害评价规范》，石油化工行业常见的职业病危害因素有 7 大类 40 余种，可能发生的职业病种类有 40 余个。主要包括白土尘肺、氯气中毒、二氧化硫中毒、氨中毒、硫化氢中毒、苯中毒、汽油中毒，以及中暑、接触性皮炎、光敏性皮炎、黑变病、痤疮、噪声耳聋等。

2. 发病规律和特点

（1）有明确的病因。职业病由生产中的各种职业病危害因素所致，如职业中毒是由于吸收了各种生产性毒物而致病。

（2）发病与劳动条件有关。职业病的发病主要与接触生产性有害因素的数量和作业时间有关，劳动强度、周围环境等对其也有一定的影响。例如，急性职业中毒发生于短期内吸收大量毒物的场合，慢性职业中毒是由于长期接触一定量的生产性毒物后才发病。

（3）不同职业病危害因素，对人体健康的危害各不相同，因此职业病的临床表现十分复杂，可涉及全身各器官和系统。例如，慢性苯中毒多在长期接触苯之后逐渐出现血象改变，早期多表现为白细胞减少。如果及时调离，病情多能恢复。

（4）多数职业病尚无特效治疗药物，而以对症治疗为主，其疗效往往不够理想。

（5）常有群体性发病情况，在同一生产环境中，往往不是只有个别人发病，而是同时或先后发现一批相同的职业病患者。

（6）职业病是完全可以预防的，只要采取有效的预防措施，使劳动者免于接触有害因素，职业病就可避免。

第三节　劳动保护与个体防护

劳动者在生产劳动过程中，常常会遭受尘、毒、噪声、振动、辐射、电击、烧灼、冻伤、打击、坠落、刺割、绞碾等职业性伤害。为了预防上述伤害事故，劳动者必须采用必要的劳动防护用品，以阻隔、封闭、吸收、缓冲、减低、屏蔽、反射、消除等手段，保护人体的局部或者全身免受外来的伤害，或遭受伤害时大大减轻危害的强度。

◎事故案例

其一，某厂苯二甲酸酐车间一工人赤膊上班操作，在向地下罐放料时，罐内的残余可燃物未排净，遇 400℃ 高温物料着火爆炸。该工人身上和脸部烧伤，而戴了手套的双手和穿工作服的下身均没有烧伤。

其二，另一工厂工人上班后未换工作服和工作鞋，就去处理烧碱池中被管子卡住的麻袋，由于怕弄脏自己的衣服、鞋子，便选择了一个位置不理想但较干净的立足点，使劲抓拽麻袋时身体失去平衡，跌入碱池，严重灼烫而亡。

由此可见，劳动保护用品是保护员工在劳动过程中的安全和健康所必需的防御性装备，是减少伤亡事故和预防职业病的辅助设施。它是由用人单位或业主无偿提供给劳动者穿（佩）戴的，不属于生活福利待遇。劳动防护用品一般包括头部、呼吸器官、眼面部、听觉器官、手部、足部、躯干、皮肤、防坠落及其他防护用品等。

一、工作服

在有易燃易爆气体存在的场所，是禁止穿化纤服装上岗的。为什么呢？很多人都会体会到睡觉前当脱下化纤织物时，会看到蓝色的小火花，还会听到“噼噼啪啪”的响声，就是化纤织物在摩擦中产生的静电。化纤织物在摩擦时产生的静电火花，会给禁火区的安全生产带来严重威胁。如果炼油、石油化工生产装置有物料泄漏，形成爆炸性混合气体，一遇火花，就可能起火爆炸。另外，棉、毛织品燃烧后可成灰，而化纤织物在高温下呈黏糊状，会黏附在皮肤上，加重烧伤伤势，不利于救治。例如，某厂发生爆炸事故时，一在场的操作工穿的涤纶长裤和腈纶衫都被烧光，唯独棉布短裤和长裤棉口袋完好。由于燃烧着的腈纶、涤纶织物黏附在皮肉上，并释放有毒有害物质，该工人因抢救无效死亡。

二、工作鞋

在生产中，操作人员要经常反复地使用工具、操纵机器、搬运物料、调节机械装置或进行其他操作，所接触的笨重、坚硬、带棱角等的东西各种各样。在这些作业中，脚是处于作业姿势的最低部位，如果脚未站稳，就可能因某种原因而发生事故。因此在操作时，保证脚的安全是极为重要的。要达到这一目的，就必须穿上适合作业条件的工作鞋。

适应作业条件的工作鞋，必须具备物体落在脚上时能保护脚部不受伤害，遇到光滑的物体时应能防滑，如踩在钉子等尖锐物体上应能保护脚部不受伤害。

此外，工作鞋还应合脚，使人穿起来感觉舒适。所以在选择工作鞋时，除了要根据作业条件外，还要细心地挑选合适的鞋号，并试穿一下，看看合不合脚。

除了上述共性要求之外，由于石油化工生产的特殊性，对工作鞋还有特别的要求，如严禁穿戴铁钉的鞋进入油气区及易燃易爆装置，在有静电危害的场所应使用防静电工作鞋或导电工作鞋，在有酸、碱等腐蚀性介质存在的场合应使用耐酸、碱工作鞋，在有油污的场合应使用耐油污的工作鞋，在高温的场合应使用耐高温的工作鞋，在有触电危险的场合应使用绝缘工作鞋。必须提醒注意的是，各种工作鞋都有一定的适用范围，因此，必须按规定正确使用。

三、安全帽

由于石油化工企业塔罐林立、管道纵横，作业现场受到环境的制约，尤其是检修、施工情况更是错综复杂，头部容易被高空坠落物打击。为了避免发生事故，在石油化工企业安全制度上明文规定不戴安全帽者，严禁进入生产装置和检修、施工现场。安全帽主要是由帽壳和帽衬两部分组成。帽壳由合成树脂、金属、橡胶布、植物条料等制成。帽衬由高压聚乙烯塑料、合成纤维或棉织品等制成。不同用途的安全帽有不同的安全性能，安全性能有冲击吸收性能、耐穿透性能、耐低温性能、耐燃烧性能、电绝缘性能、侧向性能、抗静电性能、耐辐射热性能等，但冲击吸收性能和耐穿透性能是各种安全帽都应具有的。在石油化工企业中，用合成树脂材料制作的安全帽比较多。合成材料制作安全帽的帽壳，均能达到2007年12月1日实施的国家标准GB 2811—2007《安全帽》规定的基本要求。因此，选择安全帽时，一是要符合国家标准；二是要根据防护目的选用。

使用安全帽时，还应注意以下几个问题：

（1）每次使用前，一定要检查安全帽有无损伤，帽壳与帽衬之间的距离是否符合要求；否则，就会影响其性能，起不到防护作用。

（2）使用时，安全帽的帽带一定要系牢，如不系牢，安全帽容易脱落，也就难以发挥应有的防护作用。

（3）使用时，安全帽要戴正，切不可歪戴，否则会降低防冲击的效果。

（4）不能私自在安全帽上打孔，使用时不要随意摔碰或者当做坐垫，否则会降低安全帽的强度。

（5）安全帽不应放置在有腐蚀性、高温、日晒、潮湿的场所，以免其迅速老化或变质；不要与坚硬物放在一起。

（6）受过一次强冲击的安全帽应及时报废，不能继续使用。

（7）要使用在有效期内的安全帽，超过有效期的安全帽应报废。

四、听力保护器具

听力保护的器具主要有两大类：一类是置放于耳道内的耳塞，用于阻止噪声进入；另一类是置于耳外的耳罩，限制声能通过外耳进入耳鼓、中耳和内耳。需要注意的是，这两种保护器具均不能阻止相当一部分的声能通过头部传导到听觉器官。

1. 耳塞

可以放置在耳道内，是用树脂泡沫材料或者橡胶等制成，用完了可以丢弃。也有一些种类的耳塞是可以重复使用的，但是必须注意工业卫生方面的问题。为此，在使用后，要特别注意耳塞的清洁问题。另外，也要注意耳塞和使用者的耳道是否匹配，虽然耳塞有好几十种不同的尺寸，但要由经过考核的人员来决定佩戴者应使用的尺寸。

2. 耳罩

由可以盖住耳朵的套子和放在头部上来定位的带子组成。套子里通常充填有吸声材料，即树脂塑胶泡沫材料，并能达到耳朵密封的效果。耳罩的密封性取决于耳罩的设计、密封的方式及佩戴的松紧程度。

五、呼吸保护器具

呼吸保护装置一般分为两大类：一类是过滤式呼吸保护器，它通过将空气吸入过滤装置去除污染而使空气净化；另一类是供气式呼吸保护器，它是通过一个未经过污染的外部气源，向佩戴者提供洁净的空气。绝大多数设备尚不能提供完全的呼吸保护，总有少量的污染物仍不可避免地进入呼吸道。

1. 过滤式呼吸保护器

过滤式呼吸保护器有 5 类：

（1）口罩。覆盖鼻子和嘴，由可以去除污染的过滤材料制成。

（2）半面罩呼吸保护器。覆盖鼻子和嘴部的面罩，用橡胶或塑料制成，带有一个或多个可拆卸的过滤盒。

（3）全面罩呼吸保护器。覆盖眼、鼻子及嘴部，有可拆卸的过滤罐。

（4）动力空气净化呼吸保护器。用泵将空气送进过滤器，在呼吸保护器内形成微正压，防止污染物从缝隙中进入呼吸保护器。

（5）动力头盔呼吸保护器。包括过滤器及装在头盔上的风扇。

净化的空气被吹进头盔之内供佩戴者呼吸。过滤式呼吸保护器在缺氧空气中起不到任何保护作用。

2. 供气式呼吸保护器

供气式呼吸保护器主要有3种：

(1) 长管洁净空气呼吸器。它通过未污染的气流提供洁净的空气。

(2) 压缩空气呼吸器。压缩气流通过柔性长管向佩戴者提供空气。气管上有过滤装置，以除去空气中的氮氧化物及油污。有面罩或头盔供佩戴，由阀门来减压。

(3) 自备气源呼吸器。空气从钢瓶中通过特殊的面罩提供给佩戴者。全套装置均佩戴在操作者身上。

六、眼睛保护用品

在选择保护用品时，为了使其有效，首先要对眼睛可能遇到的危害及其风险的程度进行评估。眼睛保护用品一般可以分为以下3类。

1. 安全眼镜

用于预防低能量的飞溅物，如金属碎渣等。但不能抵御粉尘，也不能抵御高能量的冲击。

2. 安全护目镜

用于预防高能量的飞溅物和灰尘，在经过进一步处理后，也能抵御化学品及金属液滴。其缺点是内侧容易起雾，镜片容易损坏，戴后视野受局限，不能保护整个面部，价格也较贵。在抵抗非离子辐射时，要另加过滤片。

3. 面罩式护目镜

提供对整个面部的高能量飞溅的保护，同时加上各种过滤片后，可以处理各种类型的辐射，但视野可能会受到限制。虽然有一些头盔的风挡易于置换且不贵，但总价格还是较高。另外，面罩虽重，但相对眼睛来讲，内侧不容易雾化。

七、安全带及安全钩

安全带及安全钩并不能取代防止高处坠落的其他安全措施，只有当无法使用平台及防护网时，才能选择安全带及安全钩。安全带及安全钩的作用是限制下坠的高度，并且帮助开展救援工作。除了要求舒适及运动方便外，选择这种装置还必须考虑系带的人体一旦坠落时，能够提供足够的防护来抵抗这种能量转换的需要。为此，在有可能发生坠落的情况下，相比安全带而言，更应选择安全钩。安全带及安全钩的一端，要固定在坚实的系留点之上，它必须能够承受坠落时的张力。基本原则就是，把系留端固定在工作场所尽可能高的地方，从而限制下落的距离。

所有劳动保护用品，在使用前都要根据制造商的说明进行检验。

第四章　应急救援与急救

第一节　应 急 救 援

一、应急救援预案

2011 年 12 月 1 日实施的《危险化学品安全管理条例》（国务院令第 591 号）第七十条中规定，危险化学品生产、运输、储存和使用单位应当制定本单位事故应急救援预案、配备应急救援人员和必要的应急救援器材、设备，并定期组织演练。企业化学品事故应急救援预案的制定程序包括编制的准备、危险辨识和风险评价、预案编制、预案的演练和修订、审核实施。企业应急救援预案应并入地方政府编制的区域性化学品事故应急救援预案体系中，确保企业应急救援预案作为区域性化学品事故应急救援体系的有机组成部分在紧急情况下的有效实施。

企业应急预案能规范石油化工企业应急管理和应急响应程序，是发生安全事故时的应急救援行动指南，能保障企业员工和公众的生命安全，最大限度地减少财产损失、环境破坏和社会影响，促进石油化工企业全面协调可持续发展。

二、危险辨识和风险评价

进行危险辨识和风险评价是化学品事故应急救援的关键和主要依据。石油化工企业应辨识出以下危险源：原油储罐区、进口原油罐区、成品油罐区、液化气罐区、丙烯罐区、乙烯供油罐区、重油加氢原料罐区、液化气充装站、变电站、气体车间、焦化车间、烷基化装置、催化裂化装置、减黏裂化装置、制氢装置、脱硫装置、长输管道等。

石油化工企业的危险源可能导致的安全生产事故主要有：

（1）火灾爆炸事故。指企业要害重点部位、关键装置、大型油气储存设施、锅炉压力容器、油气输送管线、运输油气和危险化学品的火车和船舶内的易燃易爆化工产品发生重、特大安全生产的火灾爆炸事故。

（2）海上油品泄漏事故。指海水被溢流油污染的环境灾害，主要有原油、柴油、燃料油、含油污水及含油废弃物等入海造成水质污染事故。

（3）危险化学品含剧毒事故。运载爆炸品、压缩气体和液化气体、易燃液体、易燃固体、自燃物品和遇湿易燃物品、氧化剂和有机过氧化物、毒害品和感染性物品、放射性物品、腐蚀品、杂类等容易引起爆炸、燃烧、毒害、腐蚀、放射性物质伤害等事故。

（4）油气管道泄漏事故。容易导致火灾、爆炸、污染等其他事故。

三、应急救援系统

事故发生时，能否对事故作出迅速的反应，直接取决于应急救援系统的组成是否合理，其功能是否有效。所以，必须精心组织应急救援系统，分清责任，落实到人。应急救援系统主要由应急救援领导小组和应急救援专业队伍组成。

1. 应急救援组织机构

（1）企业应急指挥中心。该中心的应急救援领导小组设立企业应急总指挥，小组成员应包括具备完成某项任务的能力、职责、权利及资源的厂内安全、生产、设备、保卫、医疗、环境等部门负责人，还应包括具备或可以获取有关社会、生产装置、储运系统、应急救援专业知识的技术人员。小组成员直接领导各下属应急救援专业队，并向总指挥负责，由总指挥统一协调部署各专业队的职能和工作。

（2）企业应急响应中心。企业设立 24 h 应急响应中心，地点设在厂调度台。在接到事故报告后，应立即通知相关人员，迅速组织救援。

（3）现场应急指挥部。现场应急指挥部是企业应急指挥中心的临时派出机构，现场指挥由企业应急指挥中心指派。当现场指挥丧失指挥职能时，企业应急指挥中心应立即指派或由现场最高领导接替。

（4）专家库。根据应急工作的实际需要，企业应急指挥中心应聘请有关专家，建立自身企业重、特大事件应急处置专家库，企业应急指挥中心在应急状态下，可向地方政府和中国石化部门等申请，挑选就近的应急救援专家组成现场专家组，协助企业对安全生产事故的应急处置。

2. 应急救援指挥机构的职责

（1）企业应急指挥中心的职责。企业应急指挥中心是企业应急管理的最高指挥机构，负责企业安全生产事故的应急指挥工作。其相关部门及人员的职责如下：

1）总指挥职责。负责发布应急指挥命令，负责事故现场的应急指挥，负责落实上级领导部门对应急处置的要求，负责宣布救援工作结束。

2）副总指挥职责。负责收集事故的相关信息，协助总指挥对事故的严重性作出迅速而准确的判断；负责分管部门应急处置职责的落实；指挥部分成员的工作。

3）厂长办公室职责。负责与各单位联系，确保事故应急处置用车、后勤服务；负责联络厂外有关单位；负责对突发安全生产事故现场周围的警戒，禁止无关人员进入现场；负责做好非安全区域人员的疏散及撤离工作，配合医疗救护部门抢救、运送伤员；负责对厂区范围内的道路进行交通管制，确保抢险救灾车辆顺利通行；对事故责任人和肇事者进行监控；组织厂级安全生产事故应急预案的编写、审核和修订，并组织预案的演练。

4）健康安全与环保部（HSE）职责。掌握火灾重点目标，按火灾爆炸应急预案，迅速组织现场灭火；负责事故状态下的各种环境数据的监测；组织重、特大安全生产事故综合应急预案、火灾爆炸应急预案、危险化学品应急预案、环境污染应急预案的编写、审核和修订，并组织预案的演练；负责各单位事故应急管理的监督；负责事故发生后安保基金的理赔工作；负责组织有关专家对重特大安全生产事故后的安全、环境影响进行评估。

5）机动部职责。负责组织全厂的检修力量进行事故抢险、抢修工作；负责组织编制突发性事故后生产装置的抢修计划，并组织实施；负责和各单位沟通，以便进行事故应急物资及通信工具的供应，制定应急物资计划；组织其他应急预案的编写、审核和修订，并组织预案的演练。

6）技术运行部职责。负责事故应急处置时，工艺技术措施的确定；负责组织企业安全生产事故应急预案的编写、完善；负责组织生产装置发生事故后的全面检查工作，落实开车条件，尽早恢复生产。

7）车间职责。负责车间的事故抢险和抢修工作，负责本车间各类事故应急程序的编写和演练。

8）事故单位职责。负责先期的工艺处理，并及时向厂应急指挥中心及相关领导汇报；负责事故状态下的易燃、易爆物浓度和有毒物浓度的监测；负责本单位应急物资的准备以及事故先期应急力量的调动；负责本单位各类事故应急程序的编写和演练。

（2）企业应急响应中心的职责。企业应急响应中心是企业应急指挥中心的日常办事机构，职责如下：在企业应急指挥中心的领导下，负责企业应急指挥中心的日常应急指挥工作；负责企业应急响应中心的应急值班；应急事件发生时，组织、指导、协助和协调进行应急处理和应急救援；掌握应急事件的发生情况，及时向企业应急指挥中心领导汇报，确定应急处理对策；负责企业应急力量的调配、应急物资的准备；负责企业级安全生产事故总体应急预案和专项应急预案的演练方案的策划，并组织实施和演练总结；应急事件发生时，负责判断并启动相应的应急预案；按照企业应急指挥中心指令，及时通知企业各职能部门、二级单位和相关单位；按照企业应急指挥中心指令，向集团公司应急指挥中心办公室和地方政府应急管理办公室报告和求援；负责上报材料的起草工作；负责应急值班记录和录音，应急资料的归档以及组织编写现场应急处置的总结；负责组织企业级应急预案的修订，负责企业二级单位应急预案的备案工作；负责对应急工作的日常费用作出预算。

（3）现场应急救援指挥部职责。应急救援专业队是事故发生后，接到命令即能火速赶往事故现场，执行应急救援行动中特定任务的专业队伍。按任务可划分为：

1）通信组。确保各专业队与总调度室和领导小组之间通信畅通，通过通信指挥各专业队执行应急救援行动。

2）治安保卫组。维持厂区治安，按事故的发展态势有计划地疏散人员，控制事故区域人员、车辆的进出。

3）消防组。对火灾、泄漏事故，利用专业器材完成灭火、堵漏等任务，并对其他具有泄漏、火灾、爆炸等潜在危险的危险点进行监控和保护；有效实施应急救援、处理措施，防止事故扩大，造成二次事故。

4）抢险抢修队。该队成员要对事故现场、地形、设备、工艺很熟悉；在具有防护措施的前提下，必要时深入事故发生中心区域，关闭系统，抢修设备，防止事故扩大，降低事故损失，抑制危害范围的扩大。

5）医疗救护队。对受害人员实施医疗救护、转移等活动。

6）运输队。负责急救行动和人员、器材、物资的运输保障。

7）防化队。在有毒物质泄漏或火灾产生有毒烟气的事故中，侦察、核实、控制事故区域的边界和范围，并掌握其变化情况。或与医疗救护队相互配合，混合编组，在事故中心区域分片履行救护任务。

8）监测站。迅速检测所送样品，确定毒物种类，包括毒物的分解产物、有毒杂质等，为中毒人员的急救、事故现场的应急处理方案以及染毒的水、食物和土壤的处理提供依据。

9）物资供应站。为急救行动提供物质保证，其中包括应急抢险器材、救援防护器材、监测分析器材和指挥通信器材等。在应急救援中各专业队的任务量不同，且事故类型不同，各专业队任务量所占比重也不同，所以专业队人员的配备应根据各自企业的危险源特征，合理分配各专业队的人员数量，应该把主要力量放在人员的救护和事故的应急处理上。

（4）专家组职责。为现场应急工作提出应急救援方案、建议和技术支持，参与制订应急救援方案，负责企业应急指挥中心交办的其他任务。

四、应急行动

1．报警

发现灾情后，应立即向生产总调度值班室、电话总机或消防队报警，要求提供准确、简明的事故现场信息，并提供报警人的联系方式。企业发生化学品事故，很重要的是前期扑救工作，应积极采取停车、启动安全保护、组织人员疏散等措施。

2．接警和通达

总调度或消防队值班室接到报警后，应首先报告应急救援领导小组，报告内容包括：事故发生的时间和地点，事故类型（如火灾、爆炸、泄漏等），是否为剧毒品，估计造成事故的物资量。领导小组全面启动事故处理程序，通知各专业队火速赶赴现场，实施应急救援行动。随后向上级应急指挥部门报告，根据事故的级别判断是否需要启动区域性化学品事故应急救援预案。

3．现场抢险

根据事故现场的情况，确定警戒区域范围，并维持相关区域的秩序，控制人员和车辆进出通道。进行事故现场侦察并取样，送监测站确定毒物种类。对现场受伤人员进行营救、搜寻并转移至安全区，由医疗救护队负责对受伤人员进行抢救、护理。组织抢险队伍，控制泄漏源，确定灭火介质，进行事故扑救，监控和保护周边具有火灾、爆炸性质的危险点，防止二次事故发生。

通过信号、广播，组织、引导群众进行疏散、自救。密切注视事故发展和蔓延情况，如果事故呈现扩大趋势，应及时向上一级应急指挥中心报告，启动区域性化学品事故应急救援预案，组织区域性应急救援力量参与抢险、救援行动。

五、条件保障

提供充足的通信器材、救援器材、防护器材、药品、应急电力和照明器材等保障；明确经费来源，确保应急救援所需费用；建立完善的应急值班、检查、评比制度等。

六、后期处置

1．事故后的重新进入和从应急救援行动到清消和恢复，主要根据事故类型和损坏的严重程度，具体问题具体解决。主要考虑以下内容：组织重新进入人员，调查损坏区域，宣布紧急状态结束，开始对事故原因进行调查，并评价事故损失，组织力量进行污染区的清消、恢复。

2. 保险

安全生产事故发生后，事故发生单位或部门按有关规定及时报告厂资产财务部、人力资源和社会保障部、保险公司等，启动保险理赔程序。

3. 经验教训总结及改进建议

事故善后处置工作结束后，各有关单位或部门要进行总结，主要内容包括：对事故的评估是否准确；应急救援决策是否准确；应急救援资源调配使用是否合理；应急救援行动是否协调；通信是否畅通；应急救援效果如何；评估后提交总结，并对以前的应急预案提出修订建议。

第二节 急 救

一、现场急救

现场急救是指在救护车到达现场之前，或得到医务人员救援之前，现场一般人员给予伤病员的治疗和救助。其目的：一是通过及时正确的现场急救措施，如心肺复苏（CPR）、控制严重出血、清理并开放气道以及呼救，保存生命；二是通过及时发现外伤及重大疾病，控制势态，防止情况恶化；三是通过适当的医疗帮助，促进伤病员工康复。

现场急救前，必须对伤病症状和特征进行全面检查，以确定下一步的急救方案。对头颅的检查，应检查有无出血，有无肿胀征象或局部凹陷，这些征象提示可能有骨折存在。对眼的检查，应注意瞳孔的大小是否相等，检查有无异物、损伤或眼周青紫与否。对鼻的检查，应检查有无损害、出血或清亮液体流出。对耳的检查，应检查有无出血或清亮液体从双耳流出。对口的检查，应注意呼吸气味、口腔创伤，检查牙齿及假牙是否受损，并观察口唇颜色是否青紫或有无烧伤。对颈部的检查，应检查颈动脉，观察其速率、强度和节律，检查颈椎处有无淤血青紫、压痛及变形。对胸部和躯干的检查，应检查呼吸频率、节奏和幅度，检查双侧锁骨有无压痛及不规则，轻轻按压腹部有无压痛、腹肌强直和明显外伤，通过从两侧轻轻挤压骨盆观察有无骨折及不适征象，注意有无大小便失禁等。对后背和脊柱的检查，应检查是否有肢体运动和感觉障碍，如有可疑发现，注意不要移动病人，应将手轻轻插到其后背沿脊柱检查有无肿胀、压痛或伤口。对上肢的检查，应检查其有无感觉，如伤病员意识清楚，可要求伤病员弯曲或伸直手指、手腕和肘部，观察和触摸有无出血、淤血青紫、肿胀或变形等。对下肢的检查，如伤病员意识清楚，可要求伤病员依次抬起左右腿，弯曲和伸直膝、踝关节，注意观察有无出血、淤血青紫、肿胀或变形等。

通过以上检查和评估，可进一步确定救助行动方案。若伤病员无意识、没有呼吸和脉搏，应立即拨打急救电话，并开始心肺复苏急救；若无意识、没有呼吸、有脉搏，则应立即拨打急救电话，并开始做人工呼吸；若无意识、有呼吸和脉搏，则应立即拨打急救电话，并对伤病员进行从头到脚的全身检查，然后将伤病员置于复苏体位，并注意观察其气道是否通畅，呼吸和循环是否正常；需要特别注意的是，如果怀疑有颈椎、脊柱损伤，在救治伤员时需高度注意，不要随意搬动；若有意识、呼吸和脉搏，则应给予相应的救助，根据需要拨打急救电话。

二、现场急救的方法

现场急救方法包括心肺复苏、止血、包扎、骨折临时固定和伤员搬运等。

1. 心肺复苏

心肺复苏（CPR）是指心跳呼吸骤停后，现场进行的紧急人工呼吸和心脏胸外按压（也称人工循环）技术。通常，心肺复苏包括3个步骤。

（1）判断神志，畅通呼吸道。具体内容包括：

1）判断病人神志。

2）呼救。

3）将患者置于仰卧位。

4）畅通呼吸道。

（2）判断呼吸和人工呼吸。在气道通畅的前提下判断病人有无呼吸，可通过看、听和感觉来判断呼吸。如果病人的胸廓没有起伏，将耳朵伏在病人鼻孔前既听不到呼吸声也感觉不到气体流出，可判定伤员呼吸停止，应立即进行口对口或口对鼻人工呼吸。

1）人工呼吸的要点。以口对口人工呼吸为例进行介绍，其操作步骤如图4—1所示：

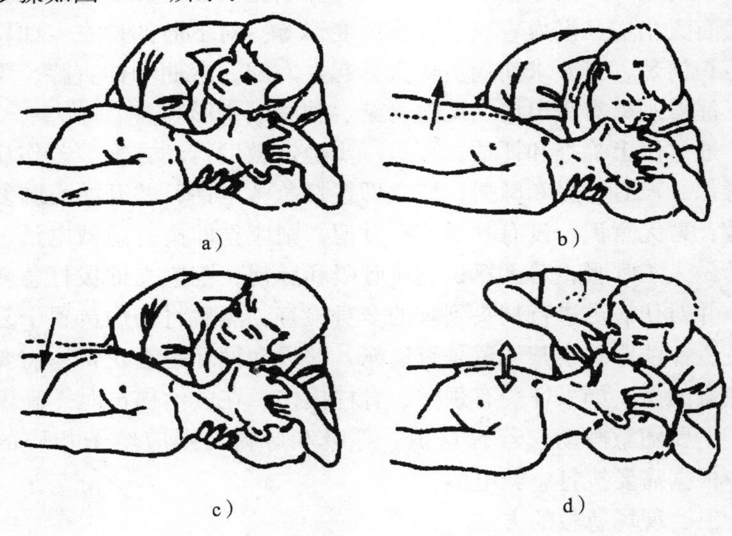

图4—1 口对口人工呼吸法

a）头后仰，捏紧鼻孔 b）口对口吹气

c）放开鼻孔，观察病人呼吸 d）捏紧鼻孔，再次吹气

①保持病人头后仰、呼吸道畅通和口部张开。

②抢救者跪伏在病人的一侧，用一只手的掌根部轻按病人前额，同时用拇指和食指捏闭病人的鼻孔（捏紧鼻翼下端）。

③抢救者深吸一口气后，张开口紧紧包贴病人的口部，使口鼻

均不漏气。

④用力快速向病人口内吹气，使病人胸部上抬。

⑤一次吹气量约为 800 ~1 200 mL。

⑥一次吹气完毕后，口应立即与病人口部脱离，同时将捏鼻翼的手松开，掌根部仍按压病人前额部，以便病人呼气时可同时从口和鼻孔出气，确保呼吸道畅通。抢救者轻轻抬起头，眼视病人胸部，此时病人胸廓应向下塌陷。抢救者再吸入新鲜空气，作下一次吹气准备。

2）口对口人工呼吸的注意事项

①吹气时，如果感觉气道阻力较大并且伤员胸部不上抬，要考虑气道是否被堵塞。若气道有异物堵塞，再加大吹气量有可能使异物落入深部，此时要及时清除呼吸道的异物。

②成人正常吸气量为 400 ~600 mL，较深吸一口气可达到 800 ~1 200 mL。吹气量小于 800 mL 则不能满足病人供氧，因为空气中氧浓度约 21%，在抢救者肺部经气体混合和交换后呼出气的氧浓度约为 16% 左右，故吹气量要大于成人正常吸气量。但吹气量也不易过大，如果大于 1 200 mL，容易造成胃扩张及胃反流，甚至“误吸”。

③如同时有心脏按压，吹气时应暂停胸部按压。

④如伤员有脉搏、无呼吸，开始时可每 4 s 吹气一口（15 次/min 左右），1 min 后可减少为每 5 s 吹气一口（12 次/min 左右）。

⑤单人或双人进行心肺复苏时，人工吹气和心脏按压的次数、比例及配合见相关资料。

⑥如果病人口腔严重创伤或病人牙关紧闭不能张口，可改用口对鼻人工呼吸。其方法是吹气时紧闭口腔，口对双侧鼻孔吹气，待患者呼气时，关闭口腔的手抬起以利通气，如图 4—2 所示。

（3）人工循环。人工循环是指用人工的方法使血液在血管内流动，使人工呼吸后含氧的血液从肺部血管流向心脏，再注入动脉，供给全身重要脏器来维持其功能，尤其是脑功能。

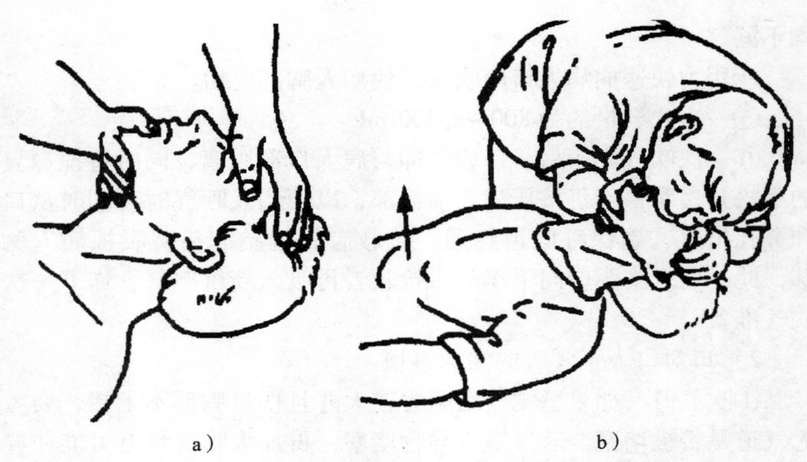

a）　　　　b）

图 4—2　口对鼻人工呼吸法

a）头后仰，关闭口腔　b）口对鼻吹气

1）判断有无脉搏。在进行人工循环之前，必须确定病人有无脉搏，且须在伤员呼吸道畅通的前提下进行，具体判断方法如图 4—3 所示。

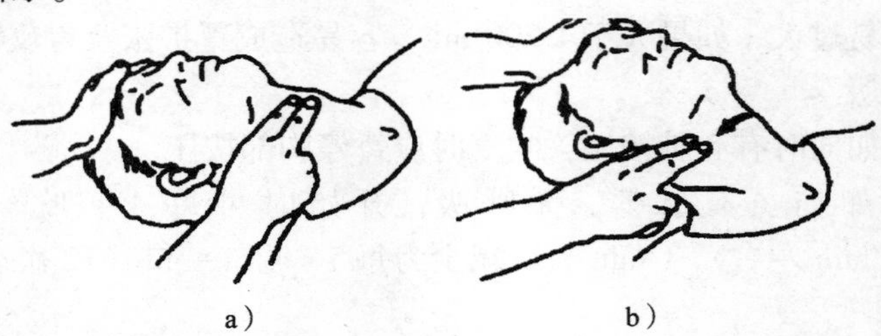

a）　　　　b）

图 4—3　判断有无脉搏

a）中指、食指置于颈前甲状软骨外侧　b）手指向颈动脉沟滑动

一手置于病人前额，使头部保持后仰，另一手触摸病人靠近抢救者一侧的颈动脉；用食指及中指指尖先触到喉部，男性可先触及喉结，然后向外滑移 2 ~ 3 cm，在气管旁软组织深部轻轻触摸颈动脉（见图 4—3a、4—3b）；检查时间一般不超过 5 ~ 10 s，以免延误抢救。

该操作应注意：触摸颈动脉不能用力过大，以免压迫颈动脉影响头部供血（如有心跳者），或将颈动脉推开影响感知，或压迫气道影响通气。更不要同时触摸双侧颈动脉，以免造成伤者头部血流中断。同时应避免两种错误，一是病人本来有脉搏，因判断位置不准确或感知有误，结果判断病人无脉搏；二是病人本来无脉搏，而检查者将自己手指的脉搏误认为病人的脉搏。

判断颈动脉搏动时要综合判断，结合意识、呼吸、瞳孔、面色等。如无意识、面色苍白或紫绀，再加上触摸不到颈动脉搏动，即可判定心跳停止。

2）胸外心脏按压的步骤和技术

①按压部位（定位）。病人处于仰卧位，双手置于身体两侧，抢救者位于病人一侧。食指和中指并拢，沿病人肋弓下缘上滑至两侧肋弓交叉处的切迹，如图4—4a所示。以切迹为标志，然后将食指和中指横放在胸骨下切迹的上方，另一手的掌根紧贴食指上方，按压在胸骨上，如图4—4b所示。

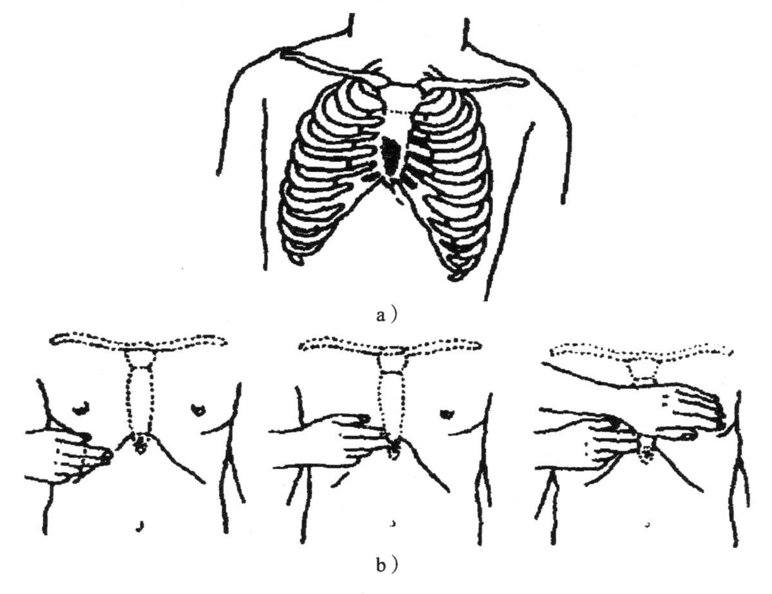

a）

b）

图4—4　胸外心脏按压时手的位置

a）心脏按压部位在胸骨下1/3处　b）心脏按压时手位的确定

②按压手势。按压在胸骨上的手不动，将定位的手抬起，用掌根重叠放在另一只手的掌背上，手指交叉扣抓住下面的手掌，翘起离开胸壁。下面手的手指伸直，这样只使掌根紧压在胸骨上。

③按压姿势。抢救者双臂伸直，肘关节固定不能弯曲，双肩部位于病人胸部正上方，垂直下压胸骨，如图 4—5 所示。按压时，肘部弯曲或两手掌交叉放置均是错误的，如图 4—6 和图 4—7 所示。

图 4—5　抢救者双臂绷直

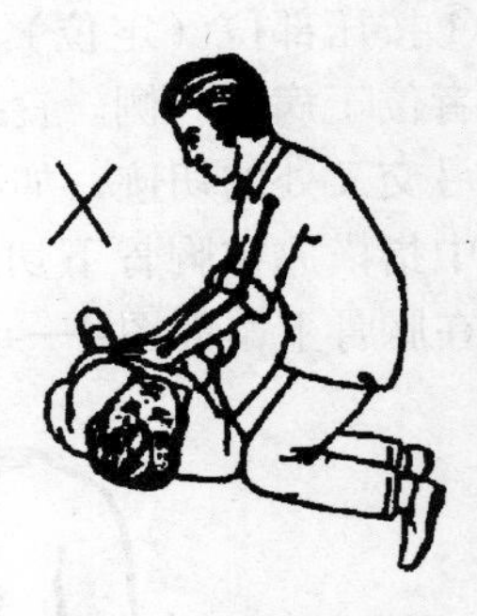

图 4—6　肘部弯曲

④按压用力及方式。按压应平稳有规律地进行。应注意以下几点：

a. 成人应使胸骨下陷 4 ~ 5 cm，用力太大易造成肋骨骨折，用力太小则达不到有效作用。

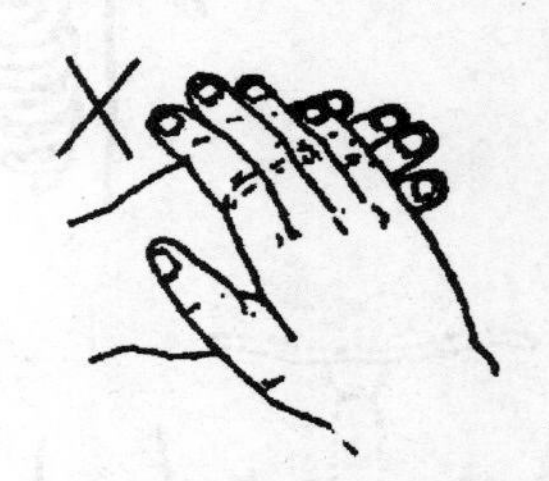

图 4—7　两手掌交叉放置

b. 垂直下压，不能左右摇摆。

c. 不能冲击式猛压。

d. 下压时间应与向上放松时间相等（即 1∶1）。

e. 下压至最低点时应有一明显停顿。

f. 放松时手掌根部不要离开胸骨按压区皮肤，但应尽量放松，如图 4—8 所示。

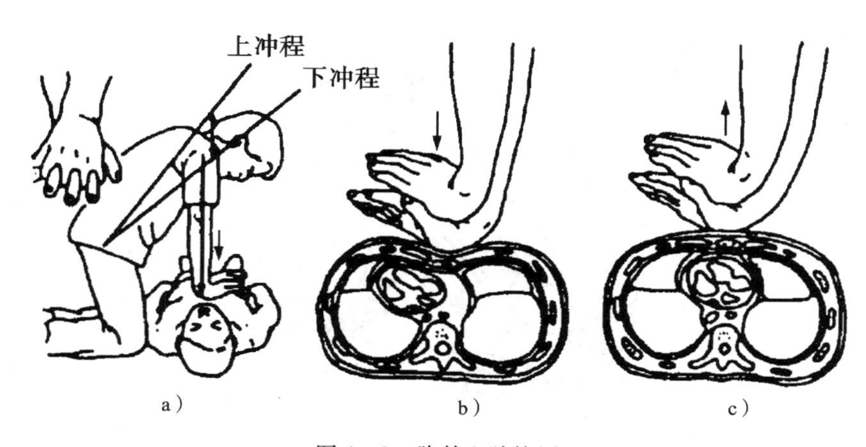

图 4—8　胸外心脏按压
a）抢救者体位及手掌根压胸方式
b）下压（手指翘起，不应压在胸壁上）　c）放松

⑤按压频率。成人为 80～100 次/min。频率过快，心脏舒张时间过短，得不到较好的充盈；过慢，不能满足脑细胞需氧量，因为最有效的心脏按压也只有心脏自主搏动搏血量的 1/3 左右。

⑥按压效果判断。两人以上抢救时，一人按压心脏，如果有效，另外一人应能触到较大动脉（如颈动脉或股动脉）的搏动。

3）胸外心脏按压与人工呼吸的配合。如病人只有心跳而停止呼吸，只需做人工呼吸。如病人心跳和呼吸都已停止，胸外心脏按压与人工呼吸的比例关系如下：

①单人进行心肺复苏时，胸外心脏按压次数与人工呼吸次数的比例是 15∶2，即连续进行 15 次胸外心脏按压，再进行 2 次人工吹气，交替进行，如图 4—9 所示。

②双人进行心肺复苏时，胸外心脏按压次数与人工呼吸次数之比为 5∶1，即一人连续进行 5 次胸外心脏按压，另一人口对口或口对鼻吹气 1 次，如图 4—10 所示。

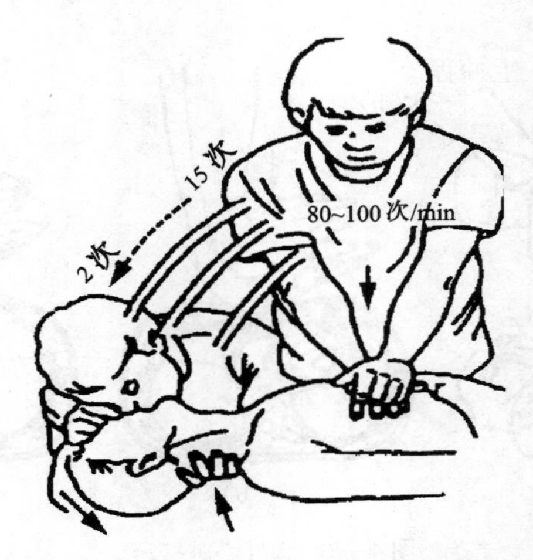

图4—9 单人心脏按压与人工呼吸的配合

③多人进行心肺复苏时，人工呼吸和人工循环可轮换进行，但轮换时间不得超过5 s。

2. 止血

出血是各种外伤的常见症状，当失血量达到人体血液总量的20%以上时，就会出现明显的休克症状；若失血量达到40%，就可能有生命危险。因此，采取积极有效的止血措施，对于防止失血性休克的发生，减少严重创伤时的死亡率有着十分重要的意义。

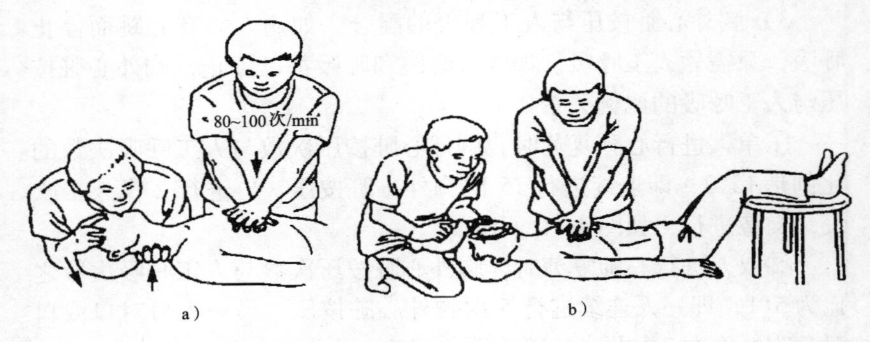

图4—10 双人心肺复苏的操作

a）双人心肺复苏的操作 b）病人头低脚高，采用简易呼吸器

（1）出血的种类

1）按出血的部位，分为外出血和内出血。

①外出血：血液经伤口流出体外。

②内出血：各种内脏或深部组织出血，血液流向脏器、体腔或组织内，也可经消化道、尿道、呼吸道等排出体外，而外表看不到出血。如血胸、血腹等。

2）按破裂的血管类型，分为动脉出血、静脉出血和毛细血管出血。

①动脉出血：血色鲜红，出血速度快，可呈喷射状。若近心端的较大动脉破裂出血，可在短时间内造成大量出血而危及生命。

②静脉出血：血色暗红，出血呈缓慢流出。若破裂血管较大也可造成大量出血。

③毛细血管出血：血色较鲜红，血液自创面渗出或出血呈点状，出血量较少，一般可自愈。

（2）出血的临床表现

1）局部表现。外出血局部表现较明显，内出血则容易被忽视。内出血一般有外伤史，有时可出现一些特有症状和体征，如腹腔脏器出血会有腹痛、腹部移动性浊音等。

2）全身表现。与出血量和出血速度有关。出血较多一般可出现头晕、乏力、烦躁、面色苍白等，较短时间内大量出血可造成出血性休克，表现为神志萎靡、皮肤苍白、肢体冰冷、脉搏细弱、尿量减少、血压进行性下降等，严重者可造成死亡。

（3）止血方法

1）指压止血法。适用于血管位置较浅的头、面、颈部及四肢的外出血。用手指、手掌或拳头把出血血管的近心端用力压向骨骼，以暂时阻断血流。

①额部出血。用拇指对准下颌关节压迫颞浅动脉，如图4—11所示。

图4—11　额部出血指压止血法

②面部出血。用拇指在下颌角前处压迫面动脉，如图 4—12 所示。

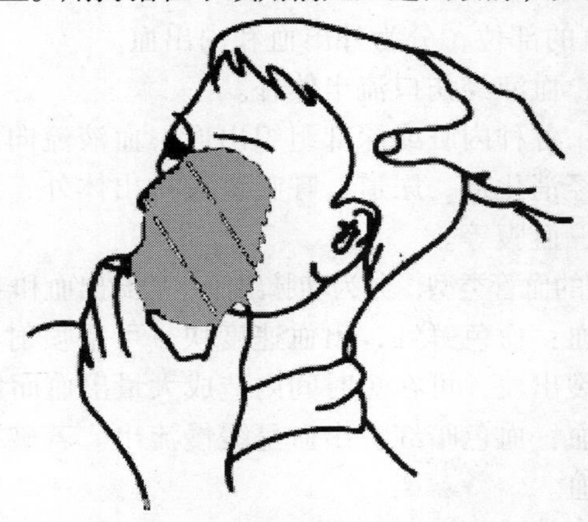

图 4—12　面部出血指压止血法

③肩部、腋部、上臂出血。在锁骨上窝中部、胸锁乳突肌外缘把锁骨下动脉压向第一肋骨，如图 4—13 所示。

④前臂出血。在上臂中段内侧，用拇指向肱骨压迫肱动脉，如图 4—14 所示。

图 4—13　锁骨下动脉指压法

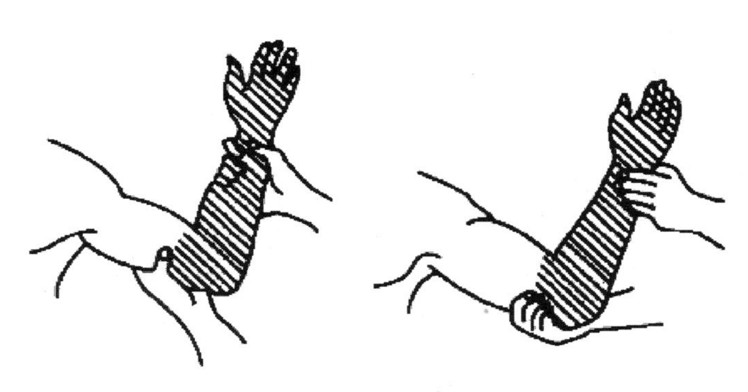

图 4—14　前臂出血指压止血法

⑤手部出血。两手的拇、食指分别压迫伤侧手腕两侧的桡、尺动脉，如图 4—15 所示。

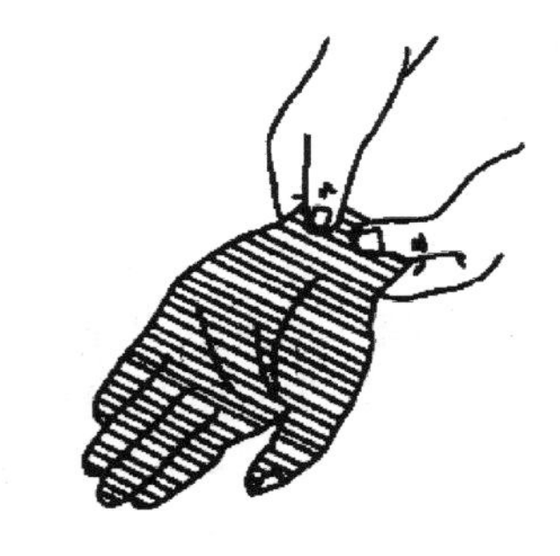

图 4—15　手部出血指压止血法

⑥大腿出血。双手拇指在伤侧腹股沟中点稍下方用力压迫股动脉，如图 4—16 所示。

⑦足部出血。用双手拇指在踝关节下方压迫足背动脉，如图 4—17 所示。

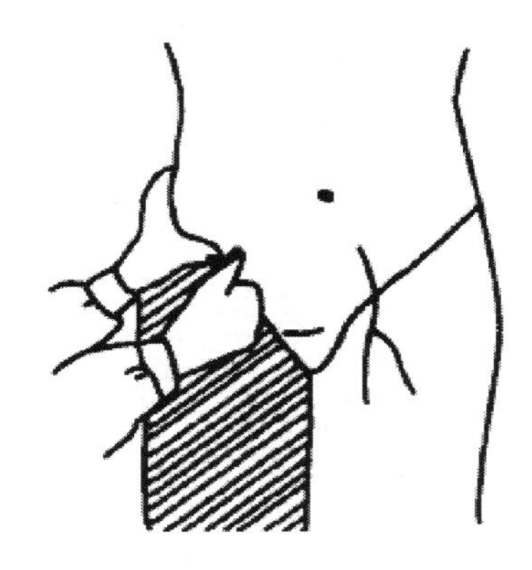

图 4—16　大腿出血指压止血法

2）加压包扎止血法。适用于渗血或较小的静脉出血。用无菌敷料覆盖于伤口，再用绷带或布巾适当缠紧，加压包扎，松紧度以能止血为准。紧急情况下，也可用干净的毛巾、布类进行包扎。

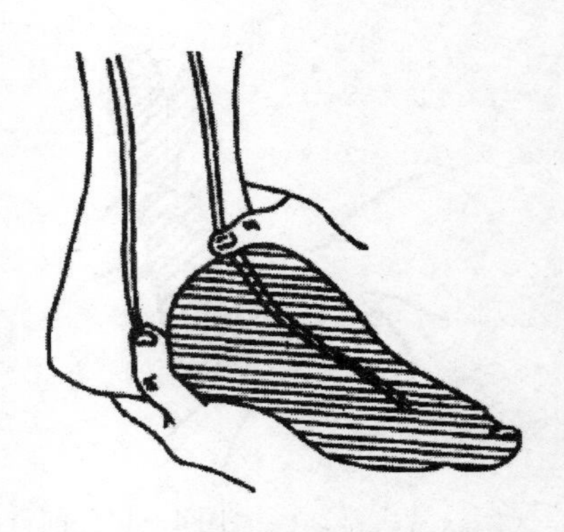

图 4—17　足部出血指压止血法

3）填塞止血法。适用于伤口较深的出血。用无菌纱布条、棉垫等填入伤口内，再用绷带、三角巾等包扎。

4）止血带止血法。适用于四肢大出血。常用的止血带有橡皮管、布带等。

①缚扎止血带的方法

a. 乳胶管止血带止血法。先在上止血带的部位用布垫、毛巾或伤员的衣服平整垫好，然后用左手拇指、食指及中指夹持乳胶管止血带的一端，另一手拉紧乳胶管（适当拉长），环绕肢体缠扎 2 圈，止血带的末端放入左手食指与中指之间夹住，并拉出固定，如图 4—18 所示。此法作用可靠，使用方便，但易过紧或松脱。

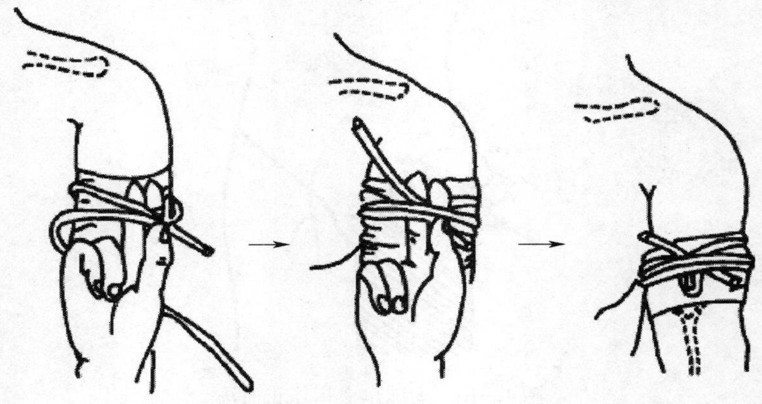

图 4—18　乳胶管止血带止血法

b. 布制止血带止血法。用帆布止血带平整缠绕肢体，一端套入夹中拉紧固定，即能起到止血效果。

c. 就地取材止血法。在现场条件下没有止血带时，可就地取材，如绷带、手帕、布条等物，折叠呈条带状，在伤口近心端用衬垫垫好并缠绕，适当用力勒紧至伤口无出血，然后打结并用小木棒插入其中，绞紧后固定于肢体上，如图 4—19 所示。

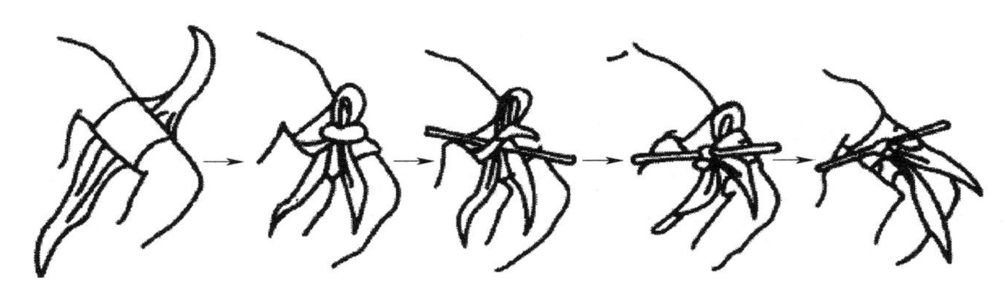

图 4—19　就地取材止血法

②运用止血带止血法时的注意事项

a. 绑扎位置要合适。绑扎部位应在伤口的近心端，并且尽量靠近伤口，尽可能减少组织缺血的范围。但应注意上臂不应缚扎在中下处，以免损伤桡神经。前臂和小腿不适宜用止血带，因有两根长骨的影响而导致止血效果不好。

b. 止血带不宜直接缚扎在皮肤上。缚扎时应先垫好衬垫或衣服以保护皮肤。切勿用绳索、电线等代替止血带缚扎。

c. 止血带的压力要适当。过松只能阻断静脉而难以阻断动脉，达不到止血的目的；过紧则会勒伤皮肤和神经。松紧度应以刚好能止血为准。

d. 应注明上止血带的时间。在醒目位置（如上衣领扣等处）加以显著标志（如红色布条），注明伤情及缚扎止血带的时间和部位，并优先转送。

e. 使用止血带的时间要尽量缩短。一般不超过 1 h，若必须延长使用时间，则应每隔 1 h 放松 1 ~ 2 min，然后再在稍高平面上缚扎止血带，以防肢体因长时间缺血而发生坏死。最长使用止血带时间不超过 4 h。

5）结扎止血法。直接结扎出血血管断端以阻断血流的方法。适用于能清楚看到出血血管断端的小血管出血。

3. 包扎

伤口包扎的目的是保护伤口，减少污染和再损伤；加压止血；预防或减轻肿胀；固定等。

（1）物品准备。卷轴绷带、三角巾、多头带等。紧急情况下，干净的毛巾、衣服、被单等均可使用。

（2）包扎方法

1）卷轴绷带包扎法

①环形包扎法。绷带做环形重叠缠绕，每一圈重叠盖住前一圈。第一圈可以稍倾斜缠绕，第二、第三圈做环形缠绕，并把第一圈斜出圈外的绷带角折到圈里，然后再重叠缠绕压住，这样就不容易脱落，如图 4—20 所示。此法常用于颈、腕等部位及各种包扎的起始和终了。

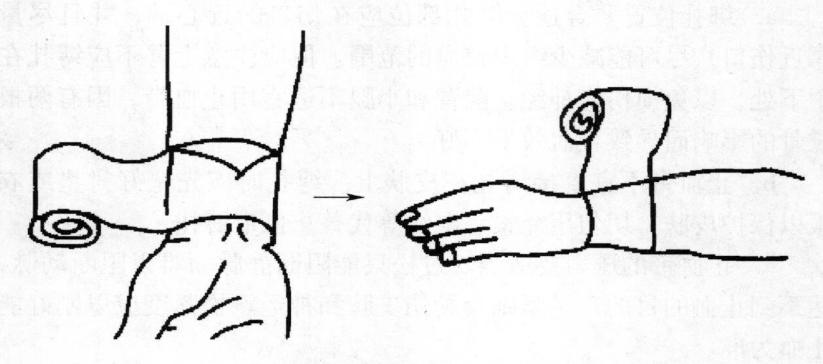

图 4—20 环形包扎法

②螺旋包扎法。先做几圈环形包扎，再将绷带做螺旋形上升缠绕，每一圈重叠压住前一圈 1/3 ~ 1/2，如图 4—21 所示。常用于手腕、上臂等处。

③螺旋反折包扎法。先做环形缠绕固定绷带起始部，然后成螺

旋形缠绕上升，但每一圈螺旋包扎都必须反折。反折时以左手拇指按住反折处，右手将绷带反折向下缠绕肢体、拉紧，并盖住前一圈的 1/3～1/2。此法适用于小腿或前臂等粗细不等的部位，如图 4—22 所示。

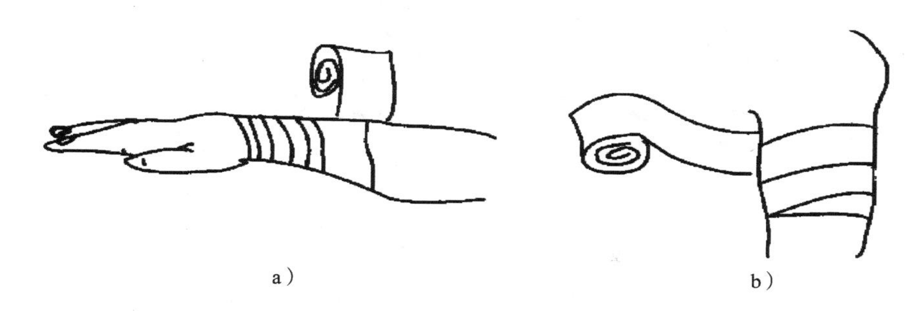

图 4—21　螺旋包扎法

a）手腕　b）上臂

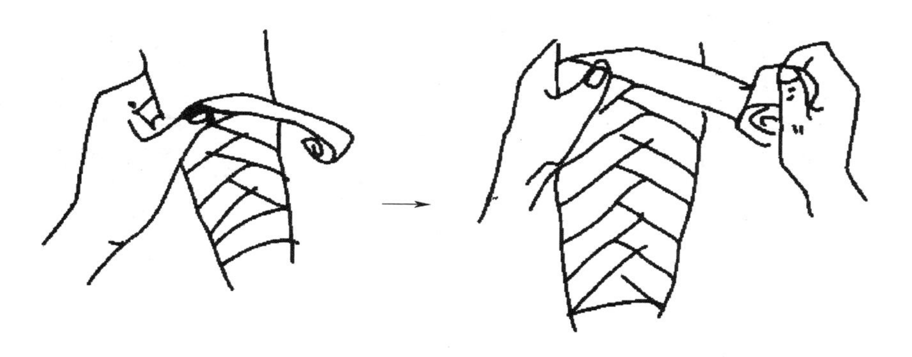

图 4—22　螺旋反折包扎法

④“8”字形包扎法。包扎时一圈向上，一圈向下，每一圈在前面与上一圈相交，并重叠上一圈的 1/3～1/2，重复做“8”字形旋转缠绕，如图 4—23 所示。此法适用于大关节如肘、膝、肩、髋等处。

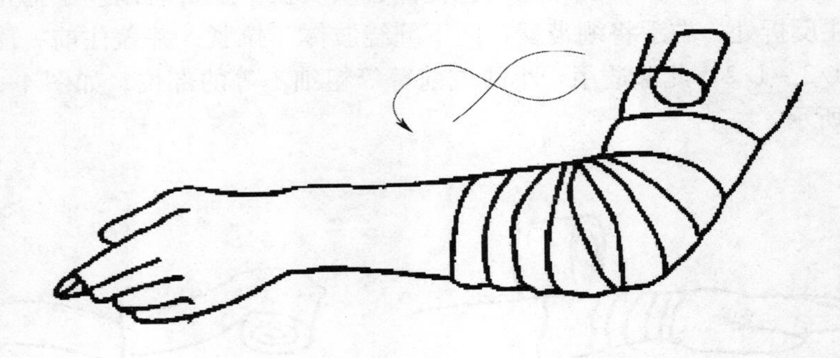

图 4—23 “8”字形包扎法

⑤回反包扎法。先做环绕两圈固定，再自中央开始反折向后，再回反向前，以后左右来回反折，直到完全包扎后再环绕两圈包扎固定，如图 4—24 所示。

图 4—24 回反包扎法

⑥蛇形包扎法。与螺旋包扎法相似，只是每圈间留有间隙，互不重叠，如图 4—25 所示。此法适用于临时简单固定或包扎需从一处延伸到另一处时。

2）三角巾包扎法。三角巾制作方便，包扎操作简便易学，容易掌握，适用范围广。缺点是不便于加压，也不够牢固。用一块边长 90 cm 的正方形白布对角剪开就可制成两条三角巾，它的底边长约 130 cm，顶角到底边中点的长度约 65 cm，如图 4—26 所示。常用的三角巾包扎法有：

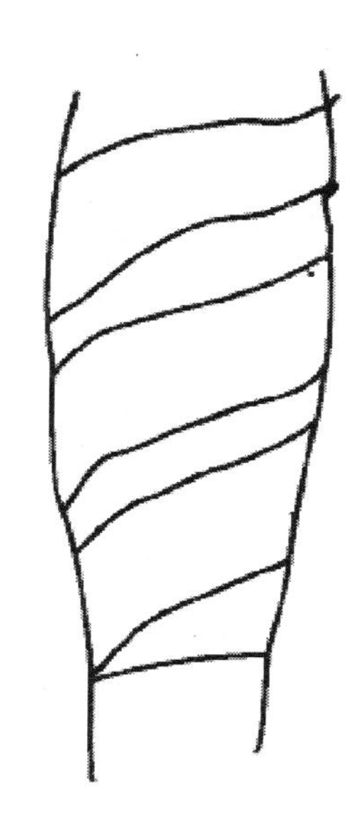

图 4—25　蛇形包扎法

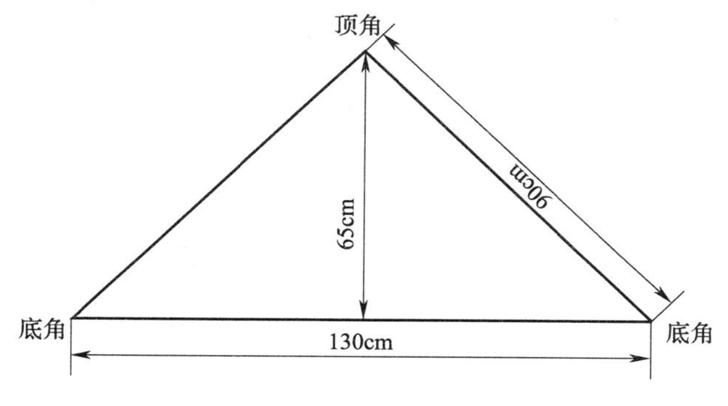

图 4—26　三角巾的制作

①头顶部包扎法。把三角巾的底边折叠约 3 cm，正中部放在前额齐眉以上，顶角拉向头后，两底角经两耳上方向后拉于枕部交叉并压住顶角后再绕到前额打结固定，如图 4—27 所示。

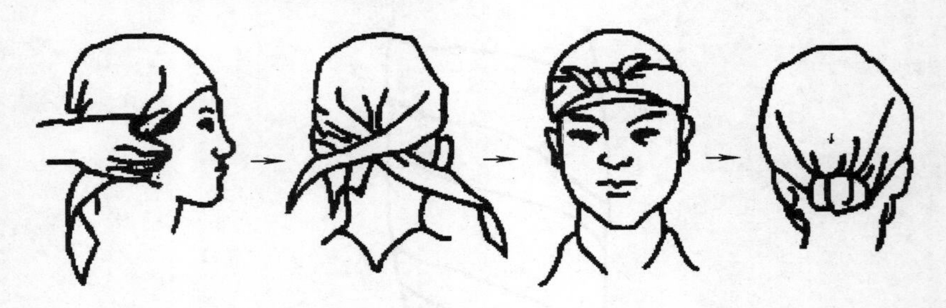

图 4—27　头顶部包扎法

②风帽式包扎法。在三角巾顶角和底边中央各打一结，把顶角结放于额前，底边结放在后脑勺下方，包住头部，两底角向面部拉紧，向外反折包绕下颌，然后拉到枕后打结固定，如图 4—28 所示。

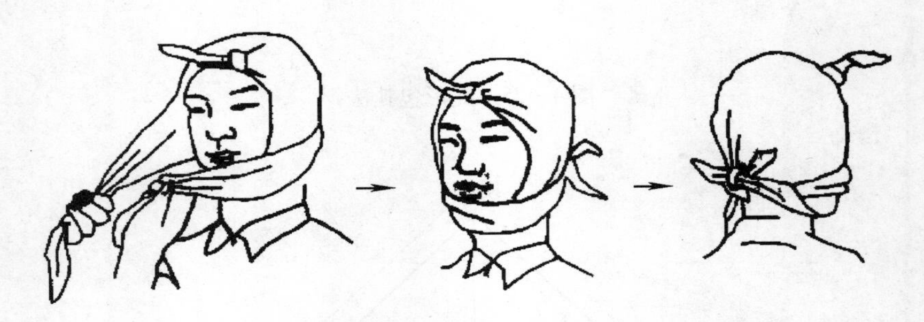

图 4—28　风帽式包扎法

③面具式包扎法。在三角巾顶角打一结套住下颌，拉底边向上、向后，罩住头面部，然后把两底角上提拉紧并交叉压住底边，再绕到前额打结。包好后在眼、鼻、口等处分别小心地剪洞开窗，如图 4—29 所示。

④肩部包扎法。把三角巾折叠成燕尾形，燕尾夹角向上放在伤侧肩上正中。向后的燕尾角压住向前的燕尾角，并稍大于向前的一

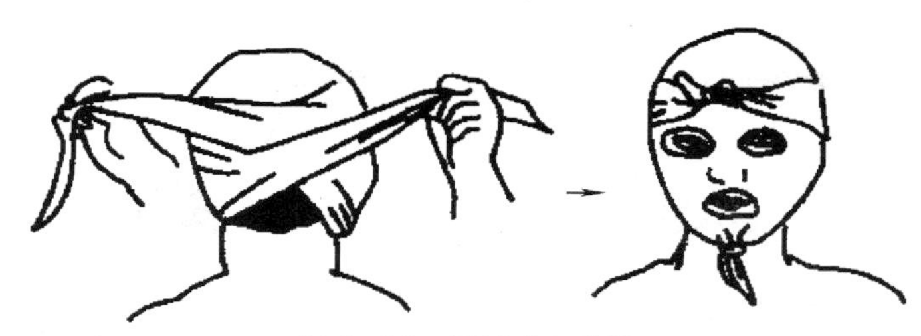

图 4—29　面具式包扎法

角。燕尾底边两角包绕上臂上 1/3 处在腋前或腋后打结，然后拉紧两燕尾角，分别包绕胸背，在对侧腋下处打结，如图 4—30 所示。

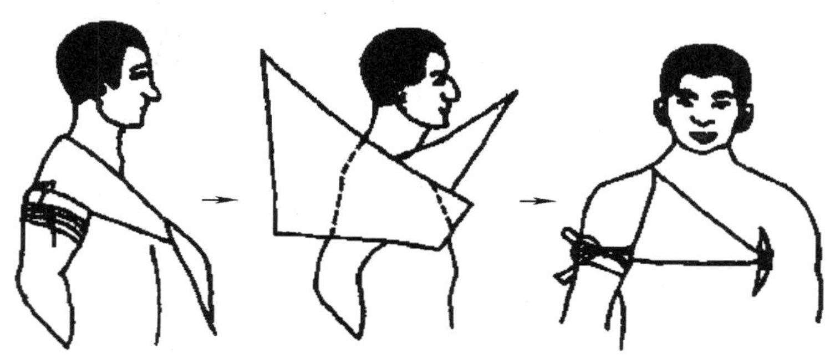

图 4—30　肩部包扎法

⑤胸部包扎法。将三角巾底边横放在胸部，顶角绕过伤侧肩部到背后，底边包住胸部绕到背后，拉两底角在背后打结，再与顶角相连打结，如图 4—31 所示。背部包扎则与胸部相反。

图 4—31　胸部包扎法

⑥臀部包扎法。把燕角底边包绕伤侧大腿打结，两燕尾角分别绕过腰腹部到对侧打结。后角要压住前角，并大于前角，如图 4—32 所示。

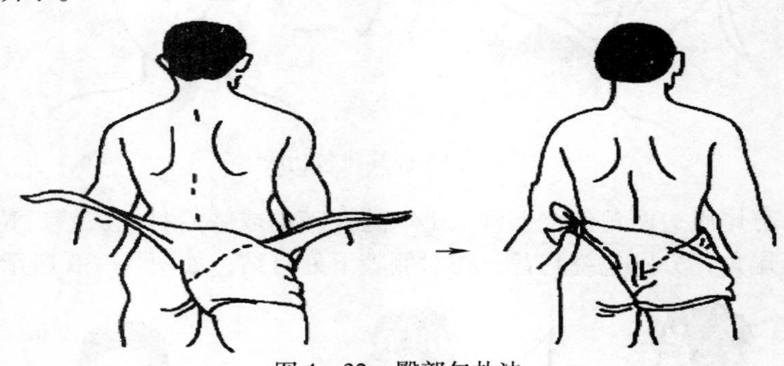

图 4—32 臀部包扎法

⑦会阴部包扎法。把三角巾底边横放于下腹部，两底角分别绕到背后打结，顶角经会阴拉向后、向上，与两底角打结相联结，并在外生殖器处剪洞暴露。

⑧四肢带式包扎法。将三角巾折叠成适宜宽度的条带状，带的中部斜放于受伤部位，把带两端分别压住上、下两边，包绕肢体一周后打结，如图 4—33 所示。

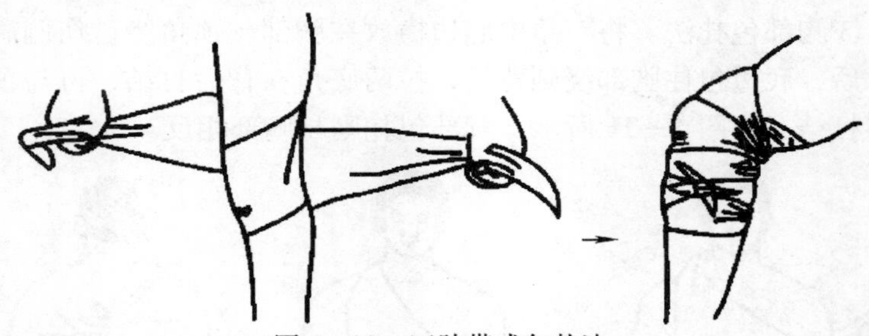

图 4—33 四肢带式包扎法

⑨手（足）包扎法。手（足）心向下放在三角巾上，手（足）指（趾）朝向三角巾顶角，顶角折回放在手（足）上，两底角拉向手（足）背，左右交叉压住顶角绕手腕（脚踝）一周后打结，如图 4—34 所示。

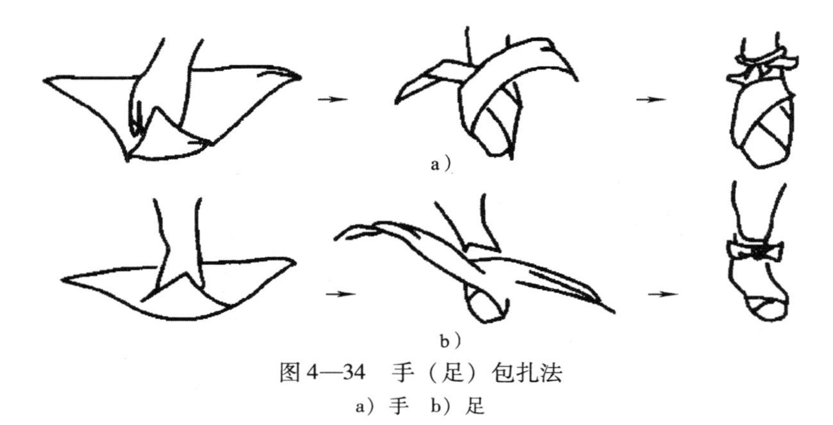

a）

b）

图4—34 手（足）包扎法

a）手 b）足

3）多头带包扎法。它包括胸带、腹带、丁字带等，多用于面积过大或不易包扎的部位。

4）就地取材包扎法。在现场急救的紧急情况下，也可就地取材，利用干净的毛巾、衣服、被单等物品进行包扎。

（3）包扎时的注意事项

1）进行包扎时，特别是对于伤情严重者，应密切观察伤者生命体征的变化。

2）让伤者取舒适的坐位或卧位，扶托患肢，并尽量使肢体保持功能位。

3）绷带包扎时的注意事项

①包扎四肢应从远心端开始向近心端缠绕（石膏绷带应自近心端开始）。四肢末端（指、趾）要暴露，以便随时观察末梢血液循环情况。

②皮肤皱褶处如指缝、腋窝、腹股沟等部位，应先涂滑石粉，再以棉垫间隔。骨隆处用衬垫保护。选择宽度适宜的绷带卷，潮湿或污染的绷带不可使用。

③起点和终了要环绕固定两圈，防止绷带滑脱、松散。

④包扎时用力要均匀，松紧适度。

⑤掌握好“三点一走行”，即绷带的起点、止点、着力点和走行方向顺序。

4. 骨折临时固定

现场急救中，固定主要是针对骨折的急救措施。急救固定的目的在于避免在搬运时造成损伤加重；减轻疼痛，防止休克；便于转运。一般在现场对骨折伤员只做简单的运输性固定。

（1）固定的材料。可采用合适的制式夹板（木质或金属）、塑料夹板或充气性夹板等。紧急时可就地取材，竹竿、木棍、树枝等都可用来做夹板，甚至可将伤侧上肢固定在胸壁上，伤侧下肢固定在健侧肢体上。此外，还需要准备绷带、纱布或毛巾、布条等物品。

（2）常用临时固定法

1）颈椎损伤固定法。让伤者仰卧，头枕部垫一薄软枕，使头颈成中立位。再在颈部两侧放置沙袋或软枕、衣服卷等固定颈部。搬运时，要有专人扶住伤者头部，并沿纵轴稍加牵引，以防颈部扭动。

2）锁骨骨折固定法。一侧锁骨骨折用三角巾将伤侧手臂兜起悬吊在胸前，限制上肢活动即可。双侧锁骨骨折可用毛巾或敷料垫在两腋前上方，将折叠成带状的三角巾两端分别缠绕两肩呈“8”字形，拉紧在背后打结，尽量使双肩后张，如图4—35所示。也可在背后放一块T字形夹板，然后用绷带在两肩及腰部扎牢固定。

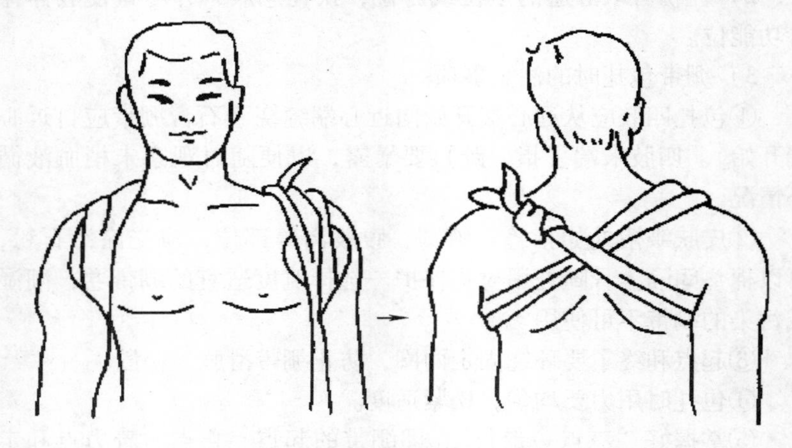

图4—35　锁骨骨折固定法

3）上肢骨折固定法。上臂骨折或前臂骨折可用一块夹板进行临时固定。夹板要超过骨折部位上下的两端关节，用绷带或布带固定夹板与伤肢，最后用一条三角巾将肘关节悬吊在胸前，如图 4—36 所示。

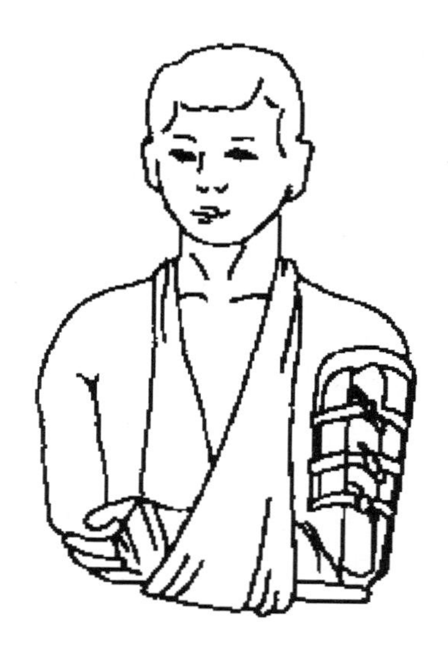

图 4—36　上肢骨折固定法

4）下肢骨折固定法。大腿骨折时，取一块长约自足跟至超过腰部的夹板置于伤腿外侧，另一块长约自足跟至大腿根部的夹板置于伤腿内侧，然后用三角巾或绷带分段包扎固定，如图 4—37 所示。小腿骨折时，取两块长约自足跟至大腿部的夹板分别置于伤侧小腿内外侧，再用三角巾或绷带分段包扎固定。

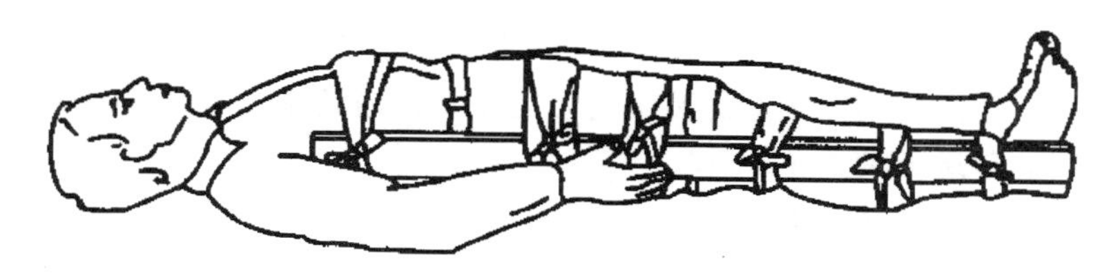

图 4—37　大腿骨折固定法

5）脊柱骨折固定法。伤员平直仰卧在硬板床或门板上，腰椎骨折要在腰部垫以软枕，必要时用绷带将伤员固定于硬板上再搬运。

6）骨盆部骨折固定法。用三角巾或大被单折叠后环绕固定骨盆，也可用腹带包扎固定，置于担架或床板上后在膝下或小腿部垫枕，使两膝成半屈位。

（3）固定时的注意事项

1）对于开放性骨折，应先进行止血、包扎处理，然后再固定骨折部位。若骨折断端刺出伤口，不可将刺出的骨端送回伤口内，以免造成伤口内感染。有休克者，应先采取抗休克处理。

2）夹板的长度和宽度要适宜，长度要超过骨折肢体两端的关节。固定后伤肢应处于功能位：上肢屈肘90°，下肢成伸直位。

3）原位固定，即固定前尽量不移动伤员和伤肢，以免增加痛苦和加重损伤。

4）夹板不可与皮肤直接接触，其间应垫棉花或敷料等软质物品，尤其是要注意垫好骨隆突处，以防受压。

5）骨折固定应松紧适度，以免影响肢体血液循环。固定时，肢体指（趾）端一定要外露，以便随时观察末梢血液循环情况。

5. 伤员搬运

伤员和急危重患者在现场经过初步处理后，就需要把伤病员及时送到医疗技术条件较完善的医院做进一步的检查和治疗。转送工作做得及时、准确，可使伤病员及早获得正规治疗，减少伤病员痛苦；否则会使病情加重，甚至贻误治疗时机，造成致残或死亡。

（1）常用搬运法

1）担架搬运法。担架是最常用的转送伤病员的工具，其结构简单、轻便耐用，无论是短距离转运还是长途转送，都是一种极为常用的转送工具。

①担架种类。包括帆布担架、绳索担架、被服担架、板式担架、铲式担架、四轮担架等。

②担架搬运方法。将担架平放在伤病员伤侧，救护人员3、4

人合成一组，平托起伤病员的头、肩、腰和下肢等处，将伤病员轻移到担架上。担架行进时，伤病员头部向后，以便于后面抬担架的人随时观察伤病员的病情变化。抬担架的人脚步行动要一致、平稳，向高处抬时（如上台阶、爬坡等），前面的人要放低，后面的人要抬高，使伤病员保持水平状态；向低处走时则相反，如图 4—38 所示。

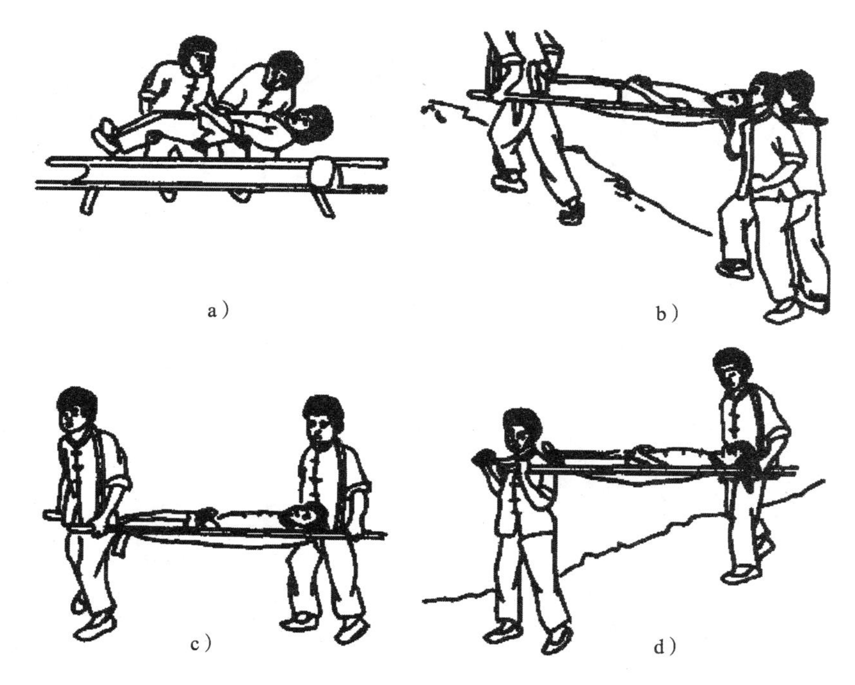

图 4—38　担架搬运方法

a）上担架　b）上坡　c）平地　d）下坡

2）徒手搬运法。当现场找不到搬运工具，而转运路程又较近，病情较轻时，可以采用徒手搬运法。常用的徒手搬运法有单人搬运法、双人搬运法等。

①单人徒手搬运法。常用方法有背负法、扶持法、抱持法等，如图 4—39 所示。

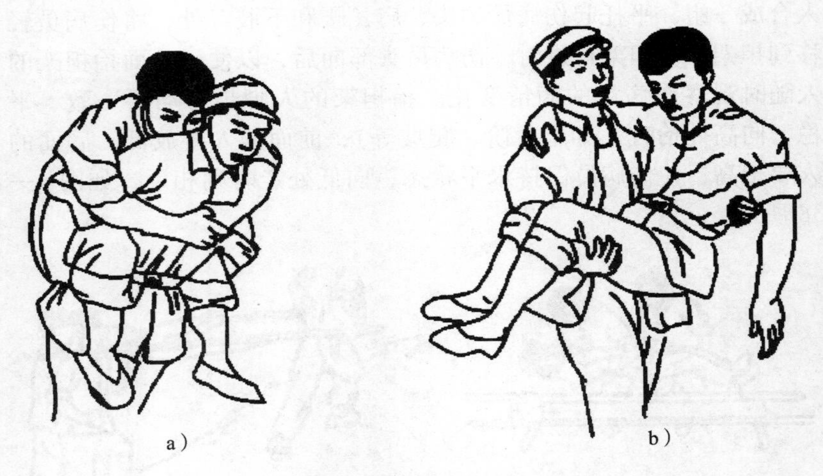

a） b）

图 4—39　单人徒手搬运法

a）背负法　b）抱持法

②双人徒手搬运法。常用方法有坐椅法、平托法、拉车法等，如图 4—40 所示。

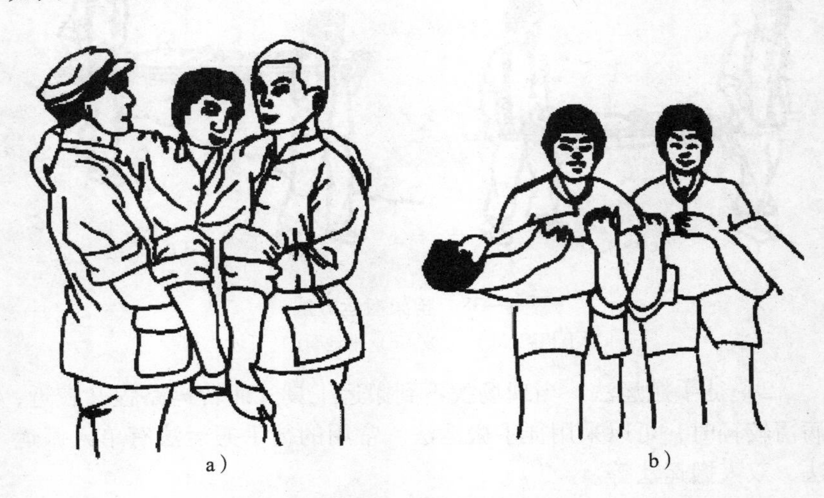

a） b）

图 4—40　双人徒手搬运法

a）坐椅法　b）平托法

（2）搬运时的注意事项

1）转送前要先进行初步急救处理，待病情稳定后再搬运。

2）搬运过程中，动作要敏捷、轻巧、平稳，尽量避免振动，减少伤病员痛苦。

3）转送过程中，要密切注意伤员病情变化，一旦情况恶化，立即停下急救。

4）搬运脊柱损伤伤员时应用硬板担架转送，并保持伤处绝对稳定。

5）转送途中的输液伤者，要注意妥善固定，防止滑脱，保持输液通畅，并注意调节输液速度。

6）注意加强对伤病员的保护，如保暖、遮阳、避风、挡雨等。

三、危险化学品伤害事故急救

1. 化学中毒急救

进行化学中毒急救时，救护者在进入危险区域前必须戴好防毒面具、自救器等防护用品，必要时也应给中毒者戴上，迅速将中毒者小心地从危险环境转移到安全、通风的地方。如果伤员失去知觉，可将其放在毛毯上提拉或抓住衣服，头朝外转移出去。

脱去中毒者被污染的衣服，松开领口和腰带，使中毒者能够顺畅地呼吸新鲜空气。如果毒物污染了眼部、皮肤，应立即用水冲洗。对于口服毒物的中毒者，应设法催吐，用手指刺激其舌根；对腐蚀性毒物，可口服牛奶、蛋清、植物油等进行稀释保护。

2. 毒气泄漏的自救与逃生

发生毒气泄漏事故时，现场人员不可恐慌，要有人负责统一指挥，井然有序地撤离，并采取相应的监护措施。

逃生时，要根据泄漏物质的特性，佩戴相应的个体防护用具或用湿毛巾、衣服捂住口鼻，沉着冷静地确定风向，然后根据毒气泄漏源位置，沿侧向上风风向转移撤离。另外，根据泄漏物质相对密度，选择沿高处或低洼处逃生，但切忌在低洼处逗留。

3. 化学烧伤急救

化学烧伤的部位多发生在头、面部、双手和身体的暴露部位，多因工作失误或他人无意伤害所致。受伤人群主要为青壮年，烧伤面积一般不大，但烧伤严重，多为Ⅲ级烧伤，治愈后多留有疤痕。化学烧伤局部组织呈进行性损伤，这是由于在一定时间内，化学物质可在皮肤、深层组织和水泡内继续发挥作用所致。

创面可因致伤的化学物质不同或其深浅度不同，表现出不同的颜色。创面的痂皮可呈现软痂或皮革样，这与接触时间长短有关。有时化学物质会引起皮肤变色，看似表浅，实际全层皮肤已烧伤，甚至已损伤皮下组织，所以对化学烧伤的程度不能单凭肉眼观察。

化学烧伤不仅是局部损伤，严重时常合并中毒、器官损害，甚至导致患者死亡。有些化学物质可以从皮肤、创面、呼吸道被吸收，引起内脏中毒和损害。较常见的是化学蒸气或大爆炸时，化学物质从创面和呼吸道黏膜同时被吸收，因此，呼吸道烧伤较多见，眼部烧伤更为多见。有的化学物质在经肝、肾排出时对肝、肾损害较重，所以有时虽然化学烧伤不严重，但病人往往由于合并中毒而导致死亡。化学烧伤分为碱烧伤和酸烧伤两类。

（1）碱烧伤特征。碱不仅吸收组织水分，使细胞脱水，并产热加重损伤，而且能结合组织蛋白。烧伤后的特点将因碱的性质、浓度、接触时间而异。

创面呈黏滑或肥皂状变化，这是由于碱烧伤时，碱皂化脂肪组织的结果，多见于强碱烧伤。创面较干燥，呈褐色，多见于石灰烧伤。氨水、电石烧伤一般和碱烧伤相似。

（2）酸烧伤特征。酸烧伤可导致皮肤角质层脱水、凝固坏死等。其特点如下：

1）被不同的酸烧伤后，皮肤会发生不同颜色变化：硫酸烧伤呈青黑色或棕黑色；硝酸烧伤呈黄色继而可转化为黄褐色；盐酸烧伤则呈黄蓝色；三氯醋酸烧伤先为白色，后为青铜色；氯氟酸腐蚀性大，烧伤后呈现红斑或有水泡，而后变成紫色。

2）烧伤部位与周围皮肤组织界限明显，这是高浓度酸接触皮肤后，使皮肤组织蛋白凝固坏死造成的。

3）创面干燥，水疱少，这是由于酸接触皮肤后，有使细胞脱水的作用。

4）脱痂时间长，可长达1个月。

（3）急救要点。迅速清除残留在创面上的化学物质，以避免创面继续损伤。如果化学品溅到皮肤或眼睛上，要用大量的清水冲洗至少10 min，切忌用手或手帕揉眼睛。如果衣服被污染，应立即脱掉或将污染的部位撕掉，同时用大量水冲洗。

恰当地采用中和治疗，酸烧伤可用2%苏打水、石灰水、氢氧化镁或肥皂水冲洗；碱烧伤可先用大量清水冲洗，然后用弱酸（2%的醋酸溶液）冲洗。经清水冲洗和酸碱中和处理后的创面，可防止继发性感染和再损伤。

如果误服危险性化学物品，急救的处理将取决于物质的性质。对于大多数物质，若受伤人有知觉，应设法使他尽快吐出来；如果受伤人员昏迷，应立即送医院救治。

对于磷烧伤，应立即扑灭火焰，脱去污染衣服，用大量清水冲洗创面，最好将患部浸入流动的水中，洗掉磷质。如邻近缺水，可用多层湿布覆盖创面，使磷与空气隔绝，防止继续燃烧。禁用任何油质敷料包扎创面，以免增加磷的溶解与吸收，引起更严重的磷中毒。

第五章　事故案例及分析

案例一　11·22中石化青岛黄岛输油管爆炸事故与分析

2013年11月22日10时25分，位于山东省青岛经济技术开发区的中国石油化工股份有限公司管道储运分公司东黄输油管道泄漏原油进入市政排水暗渠，在形成密闭空间的暗渠内油气积聚遇火花发生爆炸，造成62人死亡、136人受伤，直接经济损失75 172万元。

1. 事故发生经过

11月22日2时12分，潍坊输油处调度中心通过数据采集与监视控制系统发现东黄输油管道黄岛油库出站压力从4.56兆帕降至4.52兆帕，两次电话确认黄岛油库无操作因素后，判断管道泄漏，并于3时20分左右，截断阀关闭，组织人员开始抢修。为处理泄漏的管道，现场决定打开暗渠盖板。现场动用挖掘机，采用液压破碎锤进行打孔破碎作业，作业期间排水暗渠和海上泄漏原油燃烧并发生爆炸。爆炸造成秦皇岛路桥涵以北至入海口、以南沿斋堂岛街至刘公岛路排水暗渠的预制混凝土盖板大部分被炸开，与刘公岛路排水暗渠西南端相连接的长兴岛街、唐岛路、舟山岛街排水暗渠的现浇混凝土盖板拱起、开裂和局部炸开，全长波及5 000余米。爆炸产生的冲击波及飞溅物造成现场抢修人员、过往行人、周边单位和社区人员，以及青岛丽东化工有限公司厂区内排水暗渠上方临时工棚及附近作业人员，共62人死亡、136人受伤。爆炸还造成周边多处建筑物不同程度损坏，多台车辆及设备损毁，供水、供电、供暖、供气多条管线受损。泄漏原油通过排水暗渠进入附近海域，造成胶州湾局部污染。

2. 事故原因和性质

（1）直接原因

输油管道与排水暗渠交汇处管道腐蚀减薄、管道破裂、原油泄漏，流入排水暗渠及反冲到路面。原油泄漏后，现场处置人员采用液压破碎锤在暗渠盖板上打孔破碎，产生撞击火花，引发暗渠内油气爆炸。

（2）间接原因

1）中石化集团公司及下属企业安全生产主体责任不落实，隐患排查治理不彻底，现场应急处置措施不当。安全生产责任体系不健全，安全生产职责划分不清、责任不明。中石化管道分公司对潍坊输油处、青岛站安全生产工作疏于管理。潍坊输油处对管道隐患排查整治不彻底，未能及时消除重大安全隐患。青岛站对管道疏于管理，管道保护工作不力。对事故风险评估出现严重错误，事故应急救援不力，现场处置措施不当。

2）青岛市人民政府及开发区管委会贯彻落实国家安全生产法律法规不力。督促指导青岛市、开发区两级管道保护工作主管部门和安全监管部门履行管道保护职责和安全生产监管职责不到位，对长期存在的重大安全隐患排查整改不力。

3）管道保护工作主管部门履行职责不力，安全隐患排查治理不深入。

4）开发区规划、市政部门履行职责不到位，事故发生地段规划建设混乱。

5）青岛市及开发区管委会相关部门对事故风险研判失误，导致应急响应不力。

3. 事故防范措施建议

（1）坚持科学发展安全发展，牢牢坚守安全生产红线。要把安全生产纳入经济社会发展总体规划，建立健全“党政同责、一岗双责、齐抓共管”的安全生产责任体系，坚持管行业必须管安全、管业务必须管安全、管生产经营必须管安全的原则，把安全责任落实到领导、部门和岗位。

（2）切实落实企业主体责任，深入开展隐患排查治理。加强油气管道日常巡护，保证设备设施完好，确保安全稳定运行。要建立健全隐患排查治理制度，落实企业主要负责人的隐患排查治理第一责任，实行谁检查、谁签字、谁负责。

（3）加大政府监督管理力度，保障油气管道安全运行。安全监管部门要配备专业人员，加强监管力量；深查隐蔽致灾隐患及其整改情况，对不符合安全环保要求的立即进行整治，建立企业“黑名单”并向社会公开曝光。

（4）科学规划合理调整布局，提升城市安全保障能力。各级人民政府要加强本行政区域油气管道规划建设工作，油气管道规划建设必须符合油气管道保护要求，并与土地利用整体规划、城乡规划相协调，与城市地下管网、地下轨道交通等各类地下空间和设施相衔接。

（5）完善油气管道应急管理，全面提高应急处置水平。建立政府与企业沟通协调机制，开展应急预案联合演练，提高应急响应能力。

（6）加快安全保障技术研究，健全完善安全标准规范。

案例二　中石油大连石化7·16油渣罐爆炸事故分析

2010年7月16日，位于辽宁省大连市保税区的大连中石油国际储运有限公司原油库输油管道发生爆炸，引发大火并造成大量原油泄漏，导致部分原油、管道和设备烧损，另有部分泄漏原油流入附近海域造成污染。事故造成1名作业人员轻伤、1名失踪；在灭火过程中，1名消防战士牺牲、1名受重伤。事故造成的直接财产损失为22 330.19万元。

1. 事故经过

大连中石油国际储运有限公司在大连保税区的原油库建有20个原油储罐，总库容185万立方米。2010年5月26日，中油燃料油股份有限公司与中国联合石油有限责任公司（与中石油国际事业有限公司合署办公）签订了涉及事故原油的代理采购确认单。在原油运抵大连港一周前，中油燃料油股份有限公司得知此批原油硫化氢含量高，需要进行脱硫化氢处理，于7月8日与天津辉盛达石化技术有限公司（以下简称天津辉盛达公司）签订协议，约定由天津辉盛达公司提供“脱硫化氢剂”，由上海祥诚商品检验技术服务有限公司（以下简称上海祥诚公司）负责加注作业。7 月 9 日，中国联合石油有限责任公司原油部向大连中石油国际储运有限公司下达原油入库通知，注明硫化氢脱除作业由上海祥诚公司协调。7 月 11 日至 14 日，大连中石油国际储运有限公司、上海祥诚公司大连分公司和中石油大连石化分公司石油储运公司的工作人员共同选定原油罐防火堤外 2 号输油管道上的放空阀作为“脱硫化氢剂”的临时加注点。

7 月 15 日 15 时 45 分，外籍“宇宙宝石”号油轮开始向原油库卸油。20 时许，上海祥诚公司人员开始加注“脱硫化氢剂”，天津辉盛达公司人员负责现场指导。16 日 13 时，油轮停止卸油，开始扫舱作业。上海祥诚公司和天津辉盛达公司现场人员在得知油轮停止卸油的情况下，继续将剩余的约 22.6 t“脱硫化氢剂”加入管道。18 时 02 分，靠近加注点东侧管道低点处发生爆炸，导致罐区阀组损坏，大量原油泄漏并引发大火。

2. 事故原因

（1）直接原因。中石油国际事业有限公司（中国联合石油有限责任公司）下属的大连中石油国际储运有限公司同意，中油燃料油股份有限公司委托上海祥诚公司使用天津辉盛达公司生产的含有强氧化剂过氧化氢的“脱硫化氢剂”，违规在原油库输油管道上进行加注“脱硫化氢剂”作业，并在油轮停止卸油的情况下继续加注，造成“脱硫化氢剂”在输油管道内局部富集，发生强氧化反应，导致输油管道发生爆炸，引发火灾和原油泄漏。

（2）间接原因。上海祥诚公司违规承揽加剂业务；天津辉盛达公司违法生产“脱硫化氢剂”，并隐瞒其危险特性；中国石油国际事业有限公司（中国联合石油有限责任公司）及其下属公司安全生产管理制度不健全，未认真执行承包商施工作业安全审核制度；中油燃料油股份有限公司未经安全审核就签订原油硫化氢脱除处理服务协议；中石油大连石化分公司及其下属石油储运公司未提出硫化氢脱除作业存在安全隐患的意见；中国石油天然气集团公司和中国石油天然气股份有限公司对下属企业的安全生产工作监督检查不到位；大连市安全监管局对大连中石油国际储运有限公司的安全生产工作监管检查不到位。

3. 防范措施

(1) 组织开展对已投用石油库的安全检查。检查油库在规划布局、油库设计、本质安全、管理体制和管理责任落实、规章制度建立、人员素质、安全生产、应急管理等方面存在的问题和隐患，限期彻底整改。

(2) 组织对石油库拟建和在建项目进行全面清理整顿。检查在建石油库是否依法依规履行了相关项目核准和相关审查手续，选址、布局是否满足安全需要，确保新建、在建石油库满足安全要求。

(3) 认真贯彻落实新修订的《危险化学品安全管理条例》（国务院令第591号）的有关规定，科学规划专门用于危险化学品生产、储存的区域，合理布局专门区域内的危险化学品生产、储存装置，统筹解决区域安全及相关应急处置等问题，提高区域抗御危险化学品事故灾害的能力。

(4) 履行企业安全生产主体责任，完善安全生产管理体制机制和安全生产责任制等各项管理制度；强化工艺、设备、物资采购及检维修等专业管理，严格执行各类安全操作规程和规定，持续深入排查各类安全生产事故隐患；切实加强对供应商、承包商的管理；建立和完善变更管理有关制度，切实加强变更管理，严格防范由各类变更带来的事故风险，做到不安全不生产。

4. 对事故责任人员的处理情况

孙某，上海祥诚公司大连分公司员工。2010年8月2日，因涉嫌重大责任事故罪被刑事拘留。同年9月8日，变更强制措施予以取保候审。

王某，上海祥诚公司大连分公司员工。2010年8月2日，因涉嫌重大责任事故罪被刑事拘留。同年9月8日，变更强制措施予以取保候审。

李某，上海祥诚公司大连分公司经理。2010年8月2日，因涉嫌重大责任事故罪被刑事拘留。同年9月8日，被依法逮捕。

张某，上海祥诚公司石化部经理助理。2010年8月2日，因涉嫌重大责任事故罪被刑事拘留。同年9月8日，被依法逮捕。

戴某，上海祥诚公司石化部经理。2010年8月2日，因涉嫌重大责任事故罪被刑事拘留。同年9月8日，被依法逮捕。

迟某，天津辉盛达公司技术员。2010年8月2日，因涉嫌重大责任事故罪被刑事拘留。同年9月8日，被依法逮捕。

田某，天津辉盛达公司生产助理。2010年8月2日，因涉嫌重大责任事故罪被刑事拘留。同年9月8日，被依法逮捕。

张某，天津辉盛达公司总经理。2010年8月2日，因涉嫌重大责任事故罪被取保候审。同年9月9日，变更强制措施，予以刑事拘留。同年9月16日，被依法逮捕。

张某，天津辉盛达公司董事长、法定代表人。2010年8月2日因涉嫌重大责任事故罪被取保候审。同年9月9日，变更强制措施，予以刑事拘留。同年9月16日，被依法逮捕。同年10月9日，变更强制措施，予以取保候审。

张某，中石油大连石化分公司石油储运公司生产安全员。2010年8月4日，因涉嫌重大责任事故罪被取保候审。

甄某，中石油大连石化分公司石油储运公司生产调度员。2010年8月4日，因涉嫌重大责任事故罪被取保候审。

刘某，大连中石油国际储运有限公司运行管理部经理。2010年8月4日，因涉嫌重大责任事故罪被取保候审。

唐某，中燃油公司市场处副处长。2010年8月27日，因涉嫌重大责任事故罪被取保候审。

沈某，中燃油公司市场处处长。2010年8月27日，因涉嫌重大责任事故罪被取保候审。

案例三　兰州石化炼油厂“1·7”爆炸事故分析

2010年1月7日，甘肃兰州市石化公司石油化工厂316烃类灌区一裂解碳四储罐阀门处突然发生泄漏，并引发爆炸、起火。爆炸事故造成6人遇难，1人重伤，5人轻伤。遇难者全部为公司职工。

1. 事故经过

17时30分，316罐区突然发生泄漏并引发爆炸事故，造成管线断裂，未燃爆的部分罐内物质外泄，25个液态烃储罐受到火势威胁。

6时12分，发生再次爆炸，随后又发生第三次爆炸。

当晚8时许，甘肃省消防总队总队长陶润仁正在火灾一线和其他消防系统的专家指挥灭火，虽然此时现场火势已经较之前大为减弱，但仍然不断有5 m多高的火焰喷起，为确保现场抢险人员的安全，兰州消防支队专门安排带队中队领导在火灾现场的一处高地上担当瞭望哨。

晚8时30分，现场监测人员检测到现场易燃易爆气体濒临爆炸点，现场警戒线随即再次扩大，在周围待命的所有车辆全部疏散，而抢险的官兵仍然留在原地持续对灌区进行降温。

晚9时，参与现场抢险的官兵已经奋战了4个多小时，为确保火灾现场不发生意外，截至8日凌晨1时许，所有参与救援的官兵仍然现场持续不断为灌区降温。

1月9日14时10分，由爆炸事故引发的现场地火扑救结束，事故得到全面控制。但由于爆炸后形成的火灾是石化、炼油类火灾，不能轻易完全扑灭。如果断然扑灭，罐体内的压力会急剧增加，容易发生二次爆炸，造成更大的危险和伤害。

12日晚，经过5天5夜的燃烧，最后一处明火终于熄灭，在现场奋战了5天的消防官兵也逐步开始撤离现场。

2. 事故原因

爆炸事故是由于裂解碳四罐输出线弯头大量泄漏，气体迅速蔓延到罐区，致使现场可燃气体浓度达到爆炸极限，高速气流喷出时产生静电以致发生两次闪爆并导致火灾。

3. 事故教训与防范措施

（1）广泛开展隐患普查，识别作业场所存在的事故隐患，摸清危险源的分布情况，加强对有可能泄漏危险物质，构成中毒危险装置或区域的有毒作业场所的检测。

（2）开展职业卫生培训，组织施工单位负责人及作业人员学习职业病防治相关法律、法规、规章和操作规程，严格遵守中石化规定，增强施工单位及作业人员的职业病防治意识。

（3）加强对职工安全生产教育与培训。重点要突出岗位安全生产培训，使每个职工都能熟悉了解本岗位的职业危害因素和防护技术及救护知识，教育职工正确使用个体防护用品，教育职工遵章守纪。

案例四　山东晋煤同辉化工有限公司“4·21”事故分析

2011 年 4 月 21 日 8 时 23 分左右，山东晋煤同辉化工有限公司供气车间检修施工现场发生一起中毒窒息死亡事故，造成 1 人死亡，2 人受伤，16 人出现轻微中毒症状。

1. 事故经过

2011 年 4 月 18 日早晨 6：00 系统制惰结束前，供气车间主任宋××要求用惰性气打气柜至 8 400 m^3 后，气柜进口水封用水封住，以便下一步气柜防腐作业，7：00 系统处理完毕全厂开始停车检修。4 月 18 日开始，基建科科员刘××、李××、闰××（女）及基建科科长苑××、党办主任赵××、企管科科长石××、企管科科员张××七人开始为利旧的旋风除尘器内部进行防火水泥浇筑作业，计划工期 4 天，已经施工了 3 天。

4 月 19 日设备处安排人员对旋风除尘器进出口管道实施了连接点焊，为便于人员继续在除尘器内部作业，并在旋风除尘器顶部出口管道北侧割临时人孔，此时旋风除尘器已经并入工艺系统，即顶部出口管已通过下游的废热锅炉、洗气塔及煤气总管与气柜相连，前面已与 5 台造气炉相连。

4 月 21 日施工作业进入第三天，早晨 6：30 基建科科长苑××等 7 人进入供气车间该旋风除尘器内部继续进行防火水泥浇筑作业，这是最后一天的工作，当天就可以按原计划完工。旋风除尘器与造气炉之间未采取可靠隔绝措施，旋风除尘器与气柜之间则是通过气柜进口水封进行隔绝。

当日 8：00 左右，基建科科长苑××带领刘××等人在旋风除尘器处进行除尘器内部防火水泥浇注施工作业。当时李××和刘××在设备内部作业，张××和闰××（女）在设备上往设备内部运送耐火水泥，赵××、石××负责在设备下搅拌耐火水泥。当时在设备顶部作业的张××在往设备内部递送耐火水泥时突然发现刘××趴在设备内部用于作业而临时扎制的架子上，呼唤没有反应，便立即让赵××、石××打电话报告。在等待救援的过程中，张××和闰××（女）也出现中毒症状。

因为旋风除尘器与气柜之间未作有效隔绝，气柜进口水封排水阀打开，水封水位下降后，导致气柜内的惰性气体通过进口水封倒流进入旋风除尘器，从而导致人员设备内作业的李××和刘××发生中毒窒息，随后在设备上部作业的张××和闰××（女）也相继出现中毒症状。

事故发生后，总经理田××、副总经理许××、时××、供气车间主任宋××、安全科陈××、王××等人组织并亲自参与事故救援。救援过程中包括他们在内先后又有 15 人出现中毒症状，在医院 120 急救车到场后，被先后送到医院接受紧急抢救。

在设备内部作业的李××被从设备内抢救上来后紧急送到医院，经抢救无效死亡；刘××中毒窒息时间较长，处于重伤昏迷状态；供气车间主任宋××在身系绳索下到设备内救援李××和刘××过程中受伤较重，处于重伤昏迷状态；在救援过程中出现中毒症状的其他 16 名人员在宁津县人民医院接受观察治疗后，均无生命危险并陆续出院。

2. 事故原因

（1）直接原因

因为旋风除尘器与气柜之间未作有效隔绝，气柜进口水封排水阀打开，水封水位下降后，气柜内的惰性气体通过进口水封倒流进入旋风除尘器，从而导致设备内作业的人员发生中毒和窒息。在施救过程中，由于救援措施不当，又有救援人员出现轻微中毒现象。

（2）间接原因

检维停车开车方案执行不到位、监督落实不到位，气柜空气置换没有得到落实；检修组织混乱，职责不明，权限不清，旋风除尘器并入系统后未与气柜之间采取有效隔绝方式，是导致事故发生的主要原因。

企业应急救援器材和防护器材配备不到位，配备的数量、类型不全，未制定停车检修的《现场处置方案》，在事故发生后采取的应急救援措施不当。在事故发生后应急救援措施不当是导致事故发生后伤亡数量增加的重要原因。

施工作业现场管理混乱，安全通道不畅，施工作业安全措施未落实，无抢救后备措施是导致事故发生的另一重要原因。

主要负责人对安全工作不够重视，未落实本单位安全生产责任制、安全管理制度和操作规程，未及时督促检查本单位的安全生产工作，停车安全处理不彻底，留下事故隐患，这也是发生事故的重要原因。

对员工的安全教育培训不到位，员工安全意识淡薄，自我防护能力、现场应急处置能力差也是事故发生的重要原因。

企业安全管理混乱，执行规章制度不严格，进入旋风分离器内部作业的 2 名人员未办理《受限空间安全作业证》。作业时，设备与系统未进行有效隔绝。

旋风除尘器事故作业工作程序错误，应先完成除尘器内部作业，最后连接除尘器进、出口管道，使得除尘器内部作业整个过程均处于安全隔绝状态，这也是事故发生的重要原因。

3. 防范措施

（1）制定完善的安全生产责任制、安全生产管理制度、安全操作规程，并严格落实和执行。

（2）深入开展作业过程的风险分析工作，加强现场安全管理；制定完善的检维修作业方案。

（3）作业现场配备必要的检测仪器和救援防护设备，对有危害的场所要检测，查明真相，正确选择、带好个人防护用具并加强监护。

（4）加强员工的安全教育培训，全面提高员工的安全意识和技术水平。

（5）制定事故应急救援预案，并定期培训和演练。

案例五　南京“7·28”丙烯爆燃事故分析

2010年7月28日上午10时15分，位于南京市栖霞区迈皋桥街道的南京塑料四厂地块拆除工地发生地下丙烯管道泄漏爆燃事故，共造成22人死亡，120人住院治疗，其中14人重伤，爆燃点周边部分建（构）筑物受损，直接经济损失4 784万元。

1. 事故经过

事故发生地位于南京城北幕府路高丽家具港旁。据现场目击者丁先生说，他家离事故发生地300多米，事故发生时，他感到房屋出现了2～3 s的晃动。一股强大的冲击波迎面袭来。起初以为是地震，后来才知是由爆炸引起的。离爆炸地点100 m范围内的建筑物毁坏严重：屋顶坍塌、玻璃破碎，有的钢筋水泥都被炸开。距离爆炸点50 m处的公路上，1辆公交车的玻璃也被震碎，多名乘客受伤；1辆集装箱卡车上面的集装箱板也都震凹进去。爆炸事故造成周边居民住房及商店的部分玻璃破碎，建筑外立面局部受损，火苗窜起10 m高。目击者称，爆炸时可以看到有明火窜起，火势很猛，窜起的火苗大概有10 m高。爆炸发生后，喷射的火焰同时也引发了远处其他几个地方着火。可以看到由于爆炸和大火引起的浓烟有十几层楼高。在距离喷火点大概100 m左右有一栋房子受到震动后倒塌，附近的群众介绍那是个大约两层楼高的厂房。据说有人员被埋在倒塌的废墟下。

国家安监总局28日引述江苏省安监局的报告称，当天9时30分许，南京市栖霞区迈皋桥街道万寿村15号附近进行的拆迁作业现场，因施工挖断了丙烯管道造成丙烯泄漏，旁边的一私家车主启动车辆时产生明火引发爆炸。经了解，发生燃烧爆炸的南京迈皋桥原塑料四厂厂内管道系由金陵石化输送丙烯的原料管道，塑料四厂已实施搬迁改造，厂地用于房地产开发，周边居民大部分已经搬迁。在拆迁施工中造成管道破损、丙烯泄漏。南京检察院已介入调查，据悉，在事故发生后，南京市检察院已介入爆炸事故调查，该院领导第一时间赶赴现场，检察干警出动协助维持现场秩序。同时，该院渎检部门也派员参加新闻发布会了解情况，以查明此次爆炸事故中是否存在渎职侵权犯罪。

2. 事故原因

施工人员在原南京塑料四厂厂区场地平整施工中，挖掘机械违规碰裂地下丙烯管线，造成丙烯泄漏，与空气形成爆炸性混合物，遇明火后发生爆燃。

调查认为，由于个体拆除施工队擅自组织开挖地下管道、现场盲目指挥并野蛮操作挖掘机挖穿地下管道，导致丙烯大量泄漏，迅速扩散后遇点火源引发爆燃，造成重大安全生产事故。栖霞区相关单位及负责人违反国家法律、法规和市、区两级政府相关规定，违规组织实施南京塑料四厂地块拆除过程，且在拆除过程中未履行安全监管工作职责，对野蛮施工未加制止，对事故发生负有主要责任。

3. 事故教训及防范措施

（1）加强城镇地面开挖施工的安全管理。施工项目管理单位在组织项目施工前，要认真查阅有关资料，全面摸清项目涉及区域地下管道的分布和走向，制定可靠的保护措施。施工单位要严格按照安全施工要求进行作业，严禁在不明情况下，进行地面开挖作业。管道业主单位要对地下管道情况进行现场交底，并作出明确的标识，必要时在作业现场安排专人监护。规划、建设部门要建立和完善城镇地下管网档案资料，进行城镇规划时要加强对已有地下管道的保护和避让，确保地下化学品管道的安全。

（2）加强化学品输送管道的安全生产工作。要加强石油天然气管道的安全管理，按照今年 10 月 1 日起施行的《石油天然气管道保护法》的各项规定，及时清理管道保护范围内的违章建筑，严防管道占压。管道业主单位要对石油、天然气管道定期进行检测，加强日常巡线，发现隐患及时处置，确保石油、天然气管道及其附属设施的安全运行。

有关企业要立即对所有的化学品输送管道进行一次全面的检查，完善化学品管道标志和警示标识，健全有关资料档案，要落实管理责任，对化学品管道定期检测、检查，发现问题和隐患及时处理。针对地下化学品输送管道普遍存在的违章建筑占压和安全距离不够的问题，要组织开展集中整治，彻底消除隐患，确保化学品输送管道的运行安全。

（3）加强高温雷雨季节危险化学品安全管理工作。今年我国极端天气多，夏季又是危险化学品事故多发时段，各地要针对当前危险化学品安全生产严峻形势，以贯彻落实《国务院关于进一步加强企业安全生产工作的通知》精神为契机，督促企业进一步落实安全生产主体责任。危险化学品企业要以防泄漏、防火灾爆炸为重点，有针对性地持续开展隐患排查，强化夏季“四防”工作（防雷、防汛、防倒塌、防泄漏爆炸），加大对重大危险源的监控，严格执行企业领导干部值班带班制度，全面加强安全生产管理，确保生产安全。地方各级政府有关部门要加大对辖区内有关企业监督检查力度，督促企业切实采取措施，做好夏季高温雷雨季节的安全生产工作。

（4）提高危险化学品事故应急处置能力。地方各级政府有关部门针对辖区内危险化学品企业特点，制定有针对性的应急预案并定期组织开展应急演练，通过演练进一步健全和完善应急预案；建立危险化学品应急专家队伍，加大应急投入，完善应急物资和应急装备储备，提高危险化学品事故应急处置能力。各类危险化学品企业要认真研究分析本单位重大危险源情况，建立健全重大危险源档案，加强对重大危险源的监控和管理，确保安全生产。要严肃认真开展事故调查，严格按照“四不放过”原则，依法依规严肃追究有关事故责任。

案例六　德州合力科润化工有限公司熔盐储槽及固定床反应器爆炸事故分析

2009年1月1日，山东省德州市武城县德州合力科润化工有限公司，3 000 t/年乙腈生产装置安装现场，熔盐储槽及固定床反应器突然发生爆炸，造成5人死亡，9人受伤。

1. 事故经过

2008年12月20日，合力公司在乙腈装置安装未完成的情况下，进行设备调试，对热媒体熔盐进行加温熔化。12月31日，开始将熔盐输送至固定床反应器的熔盐加热系统，11点左右，循环加温达到220～230℃，熔盐槽的两个排气口冒出灰色烟雾，而后冒出火焰，现场人员立即使用蒸汽将火扑灭。2009年1月1日，调试熔盐炉与工艺系统相连接的固定床反应器，至17时30分，固定床反应器的熔盐加热系统升温至280℃时，熔盐槽两个排气口又冒出黄烟，继而冒出灰烟，紧接着发生了爆炸。事故发生后，合力公司在董事长孙希强的指挥下立即展开自救，并拨打119呼救，同时向武城县安监局、环保局、公安局等相关部门报告。接到报告后，武城县委、县政府和相关部门的主要领导和分管领导迅速赶到现场，立即成立了事故救援领导小组，并立即启动了危险化学品突发事件应急预案。18时，另一个固定床反应器再次冒出黄烟，继而冒出灰烟，并发出刺耳的响声，发生第二次爆炸，由于采取了隔离防范应对措施，此次爆炸无人员伤亡。

2. 事故原因

（1）直接原因

合力公司安全生产资金投入不足，在乙腈装置使用的四台固定床反应器是从武城县康达化工有限公司（以下简称康达公司）购买的未清洗干净的二手设备，由于其壳程存有积碳和油垢，使熔盐在高温下加速分解，是发生爆炸事故的直接原因。

（2）间接原因

1）设备选择的失误。合力公司乙腈装置使用的固定床反应器是不符合技术要求的设备，一是由于导热油与熔盐作为热媒体对温度要求有极大差别，所以对钢材材质选用上有明显不同；二是熔盐在高温条件下严禁接触有机物。合力公司没有针对这两点要求对该设备进行科学分析和严格的技术鉴定。

2）安全管理不到位。事故苗头出现后，该企业没有引起高度重视，更没有停止运行，迅速撤人，没有认真分析起火原因，盲目继续调试，丧失了防止爆炸事故发生的重要时机。

3）施工管理不到位。乙腈生产项目安装施工队伍是德州市顺华电气焊安装队，该企业没有任何施工资质，安装的设备、管道、支撑等，质量低劣。

4）现场管理混乱造成这次事故人员伤亡较多。

5）政府有关部门监督管理责任履行不到位。

3. 事故防范措施建议

（1）取缔合力公司乙腈生产项目，要立即停止合力公司乙腈生产项目继续建设工作，全面拆除乙腈生产项目设备、管线、仪表、电器并确保拆除过程有序安全。

（2）要认真贯彻落实“安全生产责任落实年”的精神，结合企业实际，全面落实安全生产责任制，建立健全各项规章制度并严格执行，细化操作规程，严防违章作业、违章指挥、违反劳动纪律的现象发生。

（3）政府有关部门应认真履行职责，加强对化工建设项目试车、试生产环节的安全监督和管理。

（4）各有关部门立即组织隐患排查，质检部门应严格按照国家有关标准和法规要求，加强对盛装危险化学品的常压容器质量监管。

案例七　山东赫达股份有限公司“9·12”爆燃事故

2010年9月12日，山东赫达股份有限公司发生爆燃事故，造成2人重伤，2人轻伤，直接经济损失230余万元。

1. 事故经过

山东赫达股份有限公司位于淄博市周村区王村镇王村，注册资本19 883 340元，职工总数220人，主要从事纤维素醚系列产品、PAC精制棉、压力容器制造等产品的生产和销售，其中纤维素醚系列产品，产量为6 000 t/年，纤维素醚项目始建于2000年。

2010年9月12日11时10分左右，山东赫达股份有限公司化工厂纤维素醚生产装置一车间南厂房在脱绒作业开始约 1 h 后，脱绒釜罐体下部封头焊缝处突然开裂（开裂长度 120 cm，宽度 1 cm），造成物料（含有易燃溶剂异丙醇、甲苯、环氧丙烷等）泄漏，车间人员闻到刺鼻异味后立即撤离并通过电话向生产厂长报告了事故情况，由于泄漏过程中产生静电，引起车间爆燃。南厂房爆燃物击碎北厂房窗户，落入北厂房东侧可燃物（纤维素醚及其包装物）上引发火灾，北厂房员工迅速撤离并组织救援，10 分钟后火势无法控制，救援人员全部撤离北厂房，北厂房东侧发生火灾爆炸，2 h 后消防车赶到火灾被扑灭。事故造成 2 人重伤，2 人轻伤。

2. 事故原因

（1）直接原因

纤维素醚生产装置无正规设计，脱绒釜罐体选用不锈钢材质，在长期高温环境、酸性条件和氯离子的作用下发生晶间腐蚀，造成罐体下部封头焊缝强度降低，发生焊缝开裂，物料喷出，产生静电，引起爆燃。

（2）间接原因

事故发生的间接原因是：企业未对脱绒釜罐体的检验检测作出明确规定，罐体外包有保温材料，检验检测方法不当，未能及时发现脱绒釜晶间腐蚀现象，也未能从工艺技术角度分析出不锈钢材质的脱绒釜发生晶间腐蚀的可能性；生产装置设计图纸不符合国家规定，图纸载明的设计单位为淄博泰科工程设计有限公司，但无设计公司单位公章，无设计人员签字，未载明脱绒釜材质要求，存在设计缺陷；脱绒釜操作工在脱绒过程中升气阀门开度不足，存在超过工艺规程允许范围（0.05 MPa 以下）的现象，致使釜内压力上升，加速了脱绒釜下部封头焊缝的开裂。安全现状评价报告中对脱绒工序危险有害分析不到位，未提及脱绒釜存在晶间腐蚀的危险因素。

3. 事故防范措施建议

（1）进一步完善建设项目安全许可工作，严格按照“三同时”要求，落实各项规范要求，设计、施工、试生产等各个阶段应严格按规范执行。

（2）严格按照规范、标准要求开展日常设备的监督检验工作，及时发现设备腐蚀等隐患。

（3）严格按照技术规范进行操作，严禁超过工艺规程允许范围运行。

（4）进一步规范评价单位的评价工作，提高安全评价报告质量，切实为企业提供安全保障。

考题 A 卷

一、判断（每题 1 分，共 20 题，20 × 1 = 20 分）

1. 国家实行生产安全事故责任追究制度。（ ）

2. 《安全生产法》是安全生产法律体系框架的最高层级。（ ）

3. 石油化工生产过程中的腐蚀性主要来源于生产工艺过程中使用的强腐蚀性物质，如硫酸、硝酸、盐酸和烧碱等，它们不但对人有很强的化学灼伤作用，而且对金属设备也有很强的腐蚀作用。（ ）

4. 火灾类型按照燃烧物品的状态不同分为：气态火灾，液态火灾，固态火灾。（ ）

5. 防爆门一般设置在燃烧室外墙壁上，以防止燃烧室发生爆炸或爆燃时设备遭到破坏。一般防爆门应设置在人员不经常到的地方，高度低于 2 m。（ ）

6. 安全帽是用来遮挡阳光和雨水的。（ ）

7. 检修工作中，不得随意改变脚手架的结构。如有必要，必须重新办理搭设手续，由搭设部门进行拆除或变更，重新履行验收手续。（ ）

8. 容器脱水作业时，若是刚进料，要先静止后脱水，避免物料被排出。（ ）

9. 进入受限空间作业，可以使用卷扬机、吊车等运送作业人员，严禁作业人员摘下防护面具。（ ）

10. 对于无证或手续不全、动火证过期、安全措施没落实、动火地点或内容更改等情况，一律不准动火作业。（ ）

11. 目前我国生产性粉尘的卫生标准有时间加权平均容许浓度，总粉尘浓度和呼吸性粉尘容许浓度。（ ）

12. 职业病，是指企业、事业单位和个体经济组织的劳动者在职业活动中，因接触粉尘、放射性物质和其他有毒、有害物质等因素引起的疾病。（ ）

13. 个人防护也是防毒的重要措施之一，一般分为皮肤防护和呼吸防护两大类。（ ）

14. 在生产过程中，噪声和振动通常同时存在。噪声对人体的危害是多方面的，主要是损害听觉，可引起职业性耳聋。（ ）

15. 应急救援预案在应急救援中的重要作用表现在有利于做出及时的应急响应，完全消除事故后果的危害。（ ）

16. 事故应急救援就是控制事故，减少事故损失的有效途径。（ ）

17. 昏迷伤员的舌后坠堵塞声门，应用手从下颌骨后方托向前侧，将舌牵出使声门通畅。（ ）

18. 列于应急保障系统第一位的是应急财务保障。（ ）

19. 对遭受或者可能遭受急性职业病危害的劳动者，用人单位应当及时组织救治、进行健康检查和医学观察，所需费用由用人单位承担。（ ）

20. 现场应急指挥部是企业应急指挥中心的临时派出机构，现场指挥由企业应急指挥中心指派。（ ）

二、单选（每题2分，共30题，30×2=60分）

1. 生产安全事故的处理一般在90日内结案，特殊情况不得超过（ ）天。

A. 120　　B. 150

C. 180

2. 安全预评价是指在项目（ ）应用安全评价的原理和方法对系统的危险性、危害性进行预测性评价。

A. 可行性报告前　　B. 建设前

C. 竣工验收时

3. 加强安全生产法治建设的首要问题是（ ）。

A. 有法可依　　B. 违法必究

C. 执法必严

4. “安全第一，预防为主，综合治理”是安全生产工作的（　　）。

A. 目标　　B. 关键

C. 方针

5.《安全生产法》立法的基本原则：一是人身安全第一的原则，二是预防为主的原则，三是权责一致的原则，四是依法从重处罚的原则，五是（　　）的原则。

A. 综合监管、联合执法

B. 社会监督、综合治理

C. 政府监管、群众监督

6. 生产经营单位应当在有较大危险因素的生产经营场所和有关设备、设施上，设置明显的（　　）。

A. 警示标志　　B. 安全警示标志

C. 报警装置

7. 我国的安全生产方针是（　　）。

A. 安全第一，预防中心

B. 安全第一，预防为主，综合治理

C. 安全为主，预防第一

8. 根据《生产安全事故报告和调查处理条例》，单位负责人接到事故报告后，应当于（　　）向事故发生地（　　）安全生产监督管理部门和负有安全生产监督管理职责的有关部门报告。

A. 2 小时内，县级以上人民政府

B. 2 小时内，市级以上人民政府

C. 1 小时内，县级以上人民政府

9.《生产安全事故报告和调查处理条例》规定，事故发生后，事故调查组应当在规定的期限内提交事故调查报告。下列有关事故调查报告的说法，不准确的是（　　）。

A. 应当自事故发生之日起 60 日内提交

B. 事故调查组成员应当在事故调查报告上签名

C. 报送事故发生单位

10. 防爆墙一般为钢筋混凝土墙，墙厚通常为（　　），为防止爆炸灾害的扩展，在有爆炸危险和无爆炸危险的装置间，以及具有较大爆炸危险的设备周围设置防爆墙，阻止爆炸飞散物及冲击波的袭击。

A. 10～20 cm　　B. 20～30 cm

C. 30～40 cm

11. 凡在坠落高度基准面（　　）以上有可能坠落的高处进行的作业称为高处作业。

A. 5 m　　B. 4 m

C. 2 m

12. 施工人员在悬挑架上作业时，应尽量（　　）脚手架的荷载。

A. 分散　　B. 集中

C. 利用

13. 安全网使用（　　）后，必须进行绳的强度测试。

A. 1 个月　　B. 2 个月

C. 3 个月

14. 关于高处作业，下列说法不正确的是（　　）。

A. 高处作业人员应经过体检，合格后方可上岗。

B. 所有高处作业人员应接受高处作业安全知识的培训。

C. 安全带使用 3 m 以上长绳时可以不加缓冲器。

15. 高压电击，是指发生在（　　）以上的高压电气设备上的电击事故。

A. 500 V　　B. 1 000 V

C. 1 500 V

16. 按照雷电的危害方式分类，雷电主要有直击雷、感应雷、球雷等，其中（　　）危害性最大。

A. 直击雷　　B. 感应雷

C. 球雷

17. 进入受限空间作业应有足够的照明，应使用安全电压和安全灯。在潮湿或狭小空间内作业应小于（　　）所有灯具及电动工具必须符合防潮、防爆要求。

A. 36 V　　　　B. 24 V

C. 12 V

18. 高空作业的下列几项安全措施中，（　　）是首先需要的。

A. 安全带　　　　B. 安全网

C. 合理的工作台

19.《职业病防治法》的立法目的是，为了预防、控制和消除职业病危害，（　　）保护劳动者健康及相关权益。

A. 防治职业病　　　　B. 控制病源

C. 防止职业病

20. 接触职业危害因素不一定就会患职业病，职业病发生与否主要取决于（　　）。

A. 接触职业性危害因素人员的年龄、性别和营养状况

B. 接触职业性危害因素的性质

C. 接触职业性危害因素的性质、接触剂量和接触人员的易感性

21. 2014 年 8 月 31 日第十二届全国人大常委会第十次会议通过了关于修改安全生产法的决定，该决定于（　　）起施行。

A. 2014 年 12 月 1 日

B. 2015 年 1 月 1 日

C. 2014 年 12 月 15 日

22. 生产、储存和使用危险化学品的单位，应当在生产、储存和使用场所设置（　　）装置。

A. 通风防爆　　　　B. 通信报警

C. 通信防潮　　　　D. 通风报警

23. 化工厂为加速可燃气体扩散，厂房建筑物的长轴与主导风向应（　　）或大于 45°。

A. 平行　　　　B. 垂直

C. 不小于45° D. 小于30°

24. 以下化学危险品中，（ ）可以在露天储存。

A. 遇火、遇热能引起燃烧的物品

B. 爆炸物品

C. 遇湿燃烧物品

D. 剧毒物品

25. 下列不属于有毒气体的是（ ）

A. NO B. Cl_2

C. N_2 D. NH_3

26. 按照国家标准《危险货物分类和品名编号》（GB 6944—2012）中的规定，乙醇属于（ ）

A. 低闪点液体 B. 中闪点液体

C. 高闪点液体

27. 预警系统的任何一个环节都必须建立在（ ）的基础上，失去了这一特性，事故预警就失去了意义。

A. 快速性 B. 准确性

C. 公开性

28. 在事故的四级预警中，Ⅰ级预警通常用（ ）表示，表示安全状况特别严重。

A. 红色 B. 橙色

C. 黄色

29. 关于事故应急救援工作说法错误的是（ ）

A. 参与事故抢救的部门和单位应当服从统一指挥，加强协同联动，采取有效的应急救援措施。

B. 事故抢救过程中应当采取必要措施，避免或者减少对环境造成的危害。

C. 单位和个人因为其他原因可以选择不支持与不配合事故抢救。

30. 职业健康安全管理体系认证单位，其证书有效期为（ ）年。

A. 2　　　　　　　　B. 3

C. 4

三、多选（每题4分，共5题，5×4=20分）

1. 建设项目的“三同时”是指哪三同时（　　）

A. 同时设计　　　　　　B 同时施工

C. 同时投产使用　　　　D 同时建设

2. 石油化学工业主要包括（　　）几大行业，是国民经济的支柱产业之一。

A. 炼油　　　　　　　　B 石油化工

C. 化纤　　　　　　　　D 化肥

3. 拥有以下哪种疾病，不能进行高处作业（　　）

A. 心血管疾病　　　　　B 癫痫

C. 精神失常　　　　　　D 恐高症

4. 职业健康安全管理体系中的计划与实施应包括（　　）

A. 目标　　　　　　　　B 管理方案

C. 初始评审　　　　　　D 运行控制

5. 在职业病报告中，需要根据引发职业病的有害物质类别不同，编制不同的职业病报告卡，并按照规定分类上报。目前使用的报告卡有（　　）

A. 职业中毒报告卡　　　B 农药中毒报告卡

C. 尘肺病报告卡　　　　D 职业病报告卡

考题 B 卷

一、判断（每题 1 分，共 20 题，20 ×1 =20 分）

1. 安全标志分为四类，它们分别是禁止标志、警告标志、命令标志和提示标志。（　）

2. 安全生产法规定了从业人员的五项权利，却只有四项义务，因此说权利与义务是不对等的。（　）

3. 生产经营单位应当建立安全生产教育和培训档案，如实记录安全生产教育和培训的时间、内容、参加人员以及考核结果等。（　）

4. 根据腐蚀的作用机理不同，腐蚀分为化学性腐蚀、物理性腐蚀和电腐蚀三种。（　）

5. 安全阀是为了防止设备和容器内非正常压力过高引起爆炸而设置的，主要用于防止物理性爆炸。（　）

6. 施工现场“三宝”是安全帽、安全带、脚手架。（　）

7. 暴风雪及台风暴雨后，应对高处作业安全设施逐一加以检查，发现有松动、变形、损坏或脱落等现象，应立即修理。（　）

8. 使用梯子作业时，必须有专人扶梯，梯子所靠的支持物，必须稳固。（　）

9. 受限空间是指石油化工企业内炉、塔、罐、仓、槽车、管道、烟道、隧道、下水道、沟、坑、井、池、洞等密闭、半密闭的设施及场所。（　）

10. 对于清理储罐作业、拆除储罐密封胶囊或者容器内未经处理检测合格的情况，要避免进行焊接、切割、打磨等动火作业，防止火花、高温焊渣掉进受限空间内，引发爆燃事故。（　）

11. 在疑似职业病病人诊断或者医学观察期间，用人单位可以解除与其订立的劳动合同。（　）

12. 职业健康检查应当由省级以上人民政府卫生行政部门批准的医疗卫生机构承担。 (　　)

13. 作业人员长期在超过国家规定的最高容许粉尘浓度条件下作业，加上其他因素的影响，就有可能发生尘肺病（肺尘埃沉着症）。 (　　)

14. 对粉尘主要有工程防护、湿式作业、密闭尘源、通风除尘、个体防护，佩戴符合要求的防尘口罩等。 (　　)

15. 事故应急救援预案包括生产经营单位重大危险源的辨识和评价、事故应急救援预案的编制、事故应急救援预案的演练。 (　　)

16. 对烧伤人员的急救应迅速扑灭伤员身上的火，尽快脱离火源。 (　　)

17. 对于人员伤亡情况的报告，应当遵守“实事求是”的原则，不作无根据的猜测，更不能隐瞒实际伤亡人数。 (　　)

18. 在我国分布较广，且对职业人群健康影响较大的生产性粉尘是呼吸性粉尘。 (　　)

19. 二氧化碳中毒常为慢性中毒。 (　　)

20. 火灾类型按照燃烧物品的状态不同分为：气态火灾，液态火灾，固态火灾。 (　　)

二、单选（每题 2 分，共 25 题，25 ×2 =50 分）

1. 危险品单位、矿山、建筑施工单位主要负责人安全资格培训时间不得少于（　　）

A. 12 学时　　B. 32 学时

C. 48 学时

2. 我国安全生产立法的重要趋势是安全生产（　　）

A. 法律化　　B. 标准法律化

C. 合法化

3.《安全生产法》是我国安全生产法律体系的核心，它适用于（　　）

A. 工厂和矿产企业　　B. 所有生产经营单位

C．所有人员

4．《劳动法》规定，劳动者每日工作时间不超过（　）小时，每周至少休息（　）天。

A．8　2　　　　B．8　1

C．6　1

5．从业人员超过（　）人的生产经营单位，应当设置安全生产管理机构或配备专职安全生产管理人。

A．50　　　　B．100

C．300

6．我国安全生产方针的思想核心是（　）

A．安全第一　　　　B．以人为本

C．预防为主

7．我国目前使用的安全色中黄色的含义是（　）

A．禁止、停止、消防和危险

B．提醒人们注意

C．要求人们必须遵守的规定

8．带电体与人体保持一定的安全距离，一般室内应大于（　），室外应不小于5 m。

A．2 m　　　　B．3 m

C．4 m

9．高处作业的种类分为（　）类。

A．1　　　　B．2

C．3

10．高空作业的下列几项安全措施中，（　）是首先需要的。

A．安全带　　　　B．安全网

C．合理的工作台

11．高处作业对工具和使用材料的要求是（　）

A．使用的工具用手拿牢，不用的工具放稳，拆下的材料往下扔时，必须有人监护。

B．使用的工具应拿牢，暂时不用的工具装入工具袋，拆下的材料采用系绳溜放到地面，不得抛掷。

C. 使用的工具应拿牢，暂时不用的工具装入工具袋，拆下的材料用绳溜放，短料直接抛掷。

12. 粉尘是指漂浮于空气中的固体颗粒，直径大于（　　），主要产生于固体物料粉碎、研磨过程，如制造铅丹颜料的铅尘，生产电石的电石尘等。

A. 0.1 μm　　B. 0.2 μm

C. 0.3 μm

13. 男性平均工频感知电流是（　　）女性是（　　）。

A. 0.5 mA；0.2 mA

B. 1.0 mA；0.7 mA

C. 1.1 mA；0.7 mA

14. 进入受限空间作业应有足够的照明，应使用安全电压和安全灯。受限空间内照明电压应不大于（　　）

A. 36 V　　B. 24 V

C. 12 V

15. 2013年12月23日，国家卫生计生委、人力资源社会保障部、安全监管总局、全国总工会4部门联合印发《职业病分类和目录》。将职业病分为（　　）

A. 10类132种　　B. 10类99种

C. 10类105种

16. 目前我国工业生产中最严重的职业危害之一是（　　）

A. 材料　　B蒸气

C. 尘肺

17. 根据《职业病防治法》，新建、扩建、改建建设项目和技术改造、技术引进项目可能产生职业病危害的，建设单位在可行性论证阶段应当向行政主管部门提交（　　）

A. 卫生防护设施设计报告

B. 职业病危害预评价报告

C. 职业卫生专篇

18．化工厂的防爆车间采取通风措施的目的是（ ）

A．消除氧化剂　　B．控制可燃物

C．降低车间温度　　D．冷却加热设备

19．根据《常用化学危险品储存通则》（GB 15603—1995）的规定，下列储存方式不属于化学危险品储存方式的是（ ）

A．隔离储存　　B．隔开储存

C．分离储存　　D．混合储存

20．下列粉尘中，（ ）的粉尘不可能发生爆炸。

A．生石灰　　B．面粉

C．煤粉　　D．铝粉

21．发生粉尘爆炸的首要条件是（ ）

A．粉尘本身自燃　　B．浓度超过爆炸极限

C．起始能量　　D．起始压力

22．下列地点（ ），用火为二级用火。

A．危险化学品仓库

B．在罐区内新建罐施工用火

C．输送易燃易爆液体和气体的管线

D．有易燃易爆液体和气体的装卸区和洗槽区

23．建立预警机制的宗旨是要坚持（ ），它主要体现在监测、识别、判断、评价和对策预警操纵系统方面。

A．及时性原则　　B．全面性原则

C．引导性原则

24．依据《生产经营单位安全生产事故应急预案编制导则》（GB/T 29639—2013），针对具体的事故类别、危险源和应急保障而制定的计划或方案属于（ ）

A．综合应急预案　　B．专项应急预案

C．现场处置方案

25．容易引起职业性白内障的是（ ）

A．红外线　　B．紫外线

C．激光

三、多选（每题5分，共6题，6×5=30分）

1. 安全生产法律法规的发展趋势有（　　）

A. 立法的目标更明确

B. 更突出预防性

C. 立法的层次体系更为全面

D. 立法的功能体系更为合理

2. 安全教育的内容可概括为3个方面，即（　　）

A. 安全态度教育　　B. 安全知识教育

C. 安全技能教育　　D. 安全操作教育

3. 爆炸的类型按照初始爆炸发生地点不同，分为（　　）

A. 封闭空间爆炸　　B. 敞开空间爆炸

C. 连锁爆炸　　D. 连续性爆炸

4. 静电危害及灾害（　　）

A. 静电使人体受电击　　B. 静电影响产品质量

C. 静电引起火灾爆炸

5. 属于确认致癌物的是（　　）

A. 石棉　　B. 氯乙烯

C. 芳香胺　　D. 铜

6. 呼吸保护装置一般分为两大类：（　　）

A. 过滤式呼吸保护器

B. 供气式呼吸保护器

C. 佩戴式呼吸保护器

考试题及参考答案

A 卷参考答案

一、判断

1～5 √√√√×　6～10 ×√√×√　11～15 √×√√×

16～20 √√×√√

二、单选

1～5　ABACB　6～10　BBCCC　11～15　CACCB

16～20　ACCAC　21～25　BBBAC　26～30　BAACB

三、多选

1. ABC　2. ABCD　3. ABCD　4. ABCD　5. BCD

B 卷参考答案

一、判断

1～5 √×√√√　6～10 ×√√√√　11～15 ×√√√√

16～20 √√××√

二、单选

1～5　CBBBB　6～10　BBCBC　11～15　BACAA

16～20　CBBDA　21～25　ABBBA

三、多选

1. ABCD　2. ABC　3. ABC　4. ABC　5. ABC　6. AB

参 考 文 献

1. 阚珂，杨元元.《中华人民共和国安全生产法》释义. 中国民主法治出版社，2014

2. 国家安全生产监督管理总局化学品登记中心组织编写. 危险化学品从业单位安全生产标准化法律法规手册. 中国石化出版社，2013

3. 孙永显. 急救护理. 北京：人民卫生出版社，2010

4. 国家安全生产应急救援指挥中心. 企业安全生产事故应急预案范本. 徐州：中国矿业大学出版社，2007

5. 汪初球，徐洪璋. 现场救护手册. 北京：人民军医出版社，2010

6. 胡广霞，段晓瑞. 防火防爆技术. 中国石化出版社，2012

7. 杨旸，王绍民. 新员工 HSE 教育读本. 北京：中国石化出版社，2007

8. 本书编委会. 石油化工设备维护检修技术（2012 版）. 中国石化出版社，2013

9. 孟燕华，胡广霞. 新员工职业安全健康知识. 北京：化学工业出版社，2007

10. 中国安全生产协会注册安全工程师工作委员会. 安全生产技术. 中国大百科全书出版社，2011